AF546189

Leben mit dem

Geschichten von der Schlepperlegende

Marion Wilk und Ernst Matthiesen (Hrsg.)

Geschichten von der Schlepperlegende

Der Ur-Bulldog HL 12:
Auch wenn er noch nicht wie
der „typische Lanz“ aussieht,
den charakteristischen
Glühkopf hat er schon.

Vorwort

WARUM DIESES THEMA?

Albert Einstein erhält den Nobelpreis für Physik, aus einer Hamburger Privatbank wird ein Gemälde von Rembrandt im Wert von rund zwei Millionen Reichsmark gestohlen, Adolf Hitler wird zum Parteivorsitzenden der NSDAP gewählt und Alliierte besetzen das Ruhrgebiet, um ihren Reparationsforderungen Nachdruck zu verleihen: 1921 ist ein unruhiges Jahr in Deutschland! Zumal die Folgen der Niederlage im Ersten Weltkrieg weiterhin deutlich zu spüren sind. Die Inflation nimmt erschreckende Ausmaße an, Nahrungsmittel sind knapp und teuer, und die Menschen kämpfen mit extremer Wohnungsnot. Noch dreht sich alles um den Wiederaufbau – und der technische Fortschritt im Fahrzeugbau ist dementsprechend klein.

Doch immerhin: Auf der Deutschen Automobilausstellung in Berlin wird das erste aerodynamisch konstruierte Auto der Welt präsentiert, die deutsche Uhrenfabrik Kienzle bringt den ersten Fahrtenschreiber auf den Markt – und die Firma DKW führt stolz seinen 1 PS starken Fahrradhilfsmotor ein, von dem es heißt, er sei im Volksmund auch „Arschwärmer" genannt worden. Und dann kommt der Lanz!

Die erste Zugmaschine mit dem Einzylinder-Glühkopfmotor aus Mannheim ersetzt bis zu 15 Pferdestärken – und auch, wenn seine Stahlräder noch keine Bereifung haben, sollen die angetriebenen Hinterräder mit ihrem tiefen Stahlprofil selbst auf weichem Boden gut greifen. Der Lanz Bulldog revolutioniert fortan die Landwirtschaft und wird eine Erfolgsgeschichte schreiben, die auch nach 100 Jahren als einzigartig und bemerkenswert bezeichnet werden darf!

Und das hat mehrere Gründe. Zum einen kam mit dem 1921 vorgestellten Lanz Bulldog erstmals ein Fahrzeug auf deutsche Felder, das sich rasch großer Beliebtheit erfreute. Zwar hatte Henry Ford bereits 1917 die ersten Traktoren nach der Konstruktion von John Fröhlich produziert, doch in Europa fanden diese Schlepper keine besondere Verbreitung. Erst durch Trecker wie den Lanz Bulldog setzte sich die Vollmotorisierung immer stärker durch und veränderte die deutsche Landwirtschaft von Grund auf – schließlich waren in der ersten Hälfte des 20. Jahrhunderts starke Pferde noch unentbehrlich. Dieser Wechsel von Tier zu Maschine hatte für die Bauern eine enorme Bedeutung, konnten sie doch ab sofort ihre Arbeitsabläufe wesentlich effizienter gestalten und ihre Leistung massiv steigern. Insofern gilt diese „Revolution auf dem Acker", die etwa 1950 ihren Höhepunkt erlebte, bis heute als einmalige Zäsur in der Agrarwirtschaft – und der Lanz Bulldog war daran maßgeblich beteiligt.

Bereits 1937 war dem Hersteller aus Mannheim bewusst: Werbung muss sein!

Zum anderen hat das Unternehmen Heinrich Lanz ab 1921 einen einzigartigen Schlepper mit allerlei Besonderheiten konstruiert, der bis heute für Furore sorgt: einen Einzylinder-Zweitakt-Motor, der mit preiswertem Rohöl ebenso zufrieden war wie mit billigem Pflanzenöl. Gleichzeitig gilt ein Bulldog bis heute als äußerst robust und zuverlässig. Er wird gelobt für seine simple und verständliche Technik, die ohne große Mechanik und Schnickschnack auskommt. Manche nennen ihn deswegen auch liebevoll „ein ungehobeltes Stück Eisen". Andere behaupten, der Lanz bestünde aus „zwei Tonnen Guss und einer halben Tonne Schrauben". Doch gerade diese Einfachheit vermag so viele Menschen zu faszinieren, ebenso wie der große Facettenreichtum mit Glühkopf, Halb- und Volldiesel in unterschiedlichsten Ausführungen und Baureihen.

Zum Dritten ist auch der Werdegang von Heinrich Lanz bemerkenswert: 1838 in Friedrichshafen am Bodensee geboren, macht er zunächst eine Lehre als Kolonialwarenhändler, steigt dann 1859 in das väterliche Speditionsunternehmen ein und übernimmt dort den Vertrieb britischer Geräte und Maschinen. Das Geschäft läuft hervorragend, gleichzeitig entpuppt sich Heinrich Lanz aber nicht nur als ein guter Unternehmer, sondern auch als ein Tüftler, Idealist und Visionär – immerhin werden seine eigenen Erfindungen in der

Schon 1923 ackerte der fortschrittliche Landwirt mit einem Lanz Bulldog.

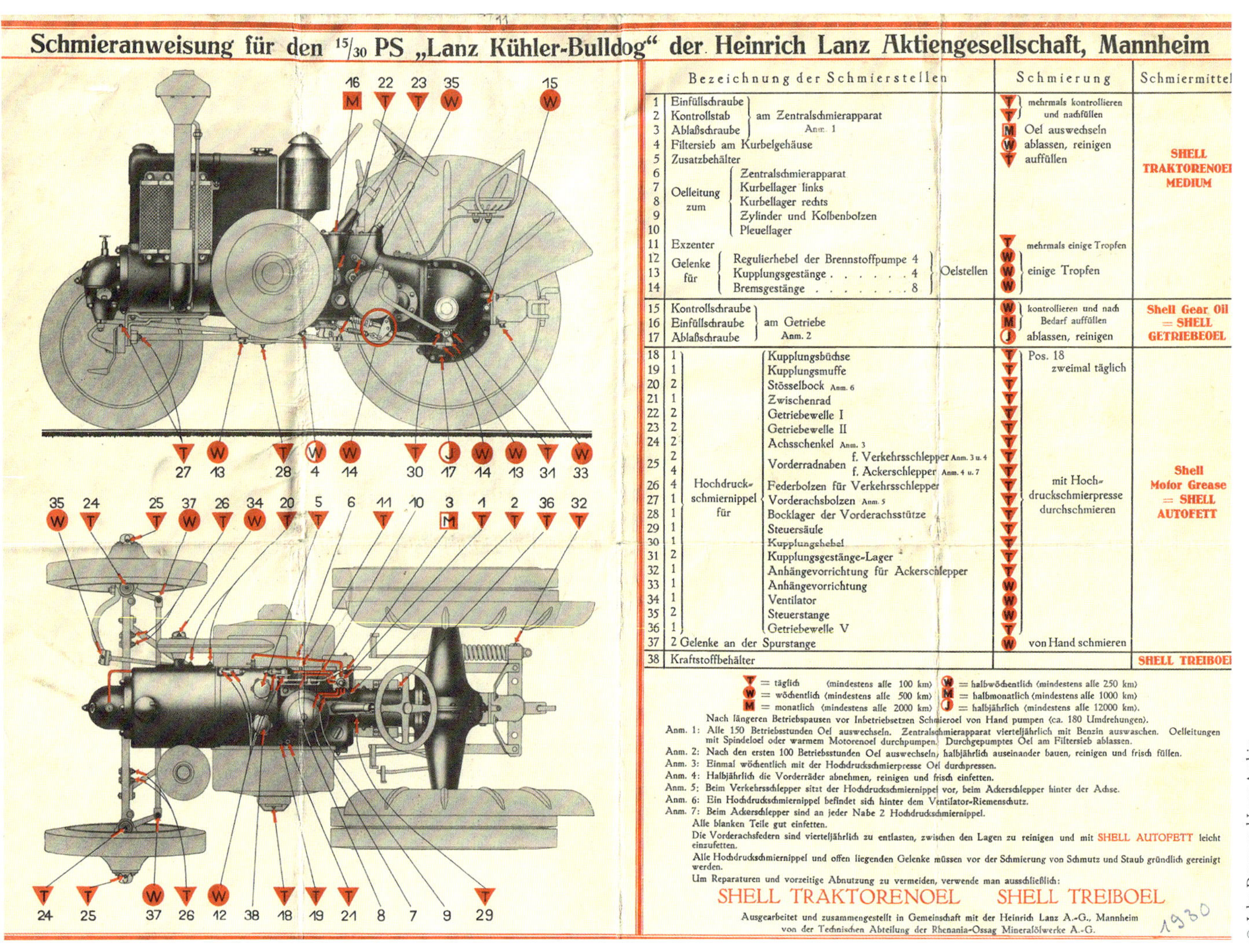

Schmieranweisung für den 15/30 PS „Lanz Kühler-Bulldog“ der Heinrich Lanz Aktiengesellschaft, Mannheim

Nr.	Bezeichnung der Schmierstellen	Schmierung	Schmiermittel
1	Einfüllschraube am Zentralschmierapparat (Anm. 1)	T – mehrmals kontrollieren und nachfüllen	SHELL TRAKTORENOEL MEDIUM
2	Kontrollstab am Zentralschmierapparat (Anm. 1)	T – mehrmals kontrollieren und nachfüllen	
3	Ablaßschraube am Zentralschmierapparat (Anm. 1)	M – Oel auswechseln	
4	Filtersieb am Kurbelgehäuse	W – ablassen, reinigen	
5	Zusatzbehälter	T – auffüllen	
6	Oelleitung zum Zentralschmierapparat		
7	Oelleitung zum Kurbellager links		
8	Oelleitung zum Kurbellager rechts		
9	Oelleitung zum Zylinder und Kolbenbolzen		
10	Oelleitung zum Pleuellager		
11	Exzenter	T – mehrmals einige Tropfen	
12	Gelenke für Regulierhebel der Brennstoffpumpe 4 – Oelstellen	W – einige Tropfen	
13	Gelenke für Kupplungsgestänge . . . . . . 4 – Oelstellen	W – einige Tropfen	
14	Gelenke für Bremsgestänge . . . . 8 – Oelstellen	W – einige Tropfen	
15	Kontrollschraube am Getriebe (Anm. 2)	W – kontrollieren und nach Bedarf auffüllen	Shell Gear Oil = SHELL GETRIEBEOEL
16	Einfüllschraube am Getriebe (Anm. 2)	M – kontrollieren und nach Bedarf auffüllen	
17	Ablaßschraube am Getriebe (Anm. 2)	J – ablassen, reinigen	
18	1 Hochdruckschmiernippel für Kupplungsbüchse	T – Pos. 18 zweimal täglich	Shell Motor Grease = SHELL AUTOFETT
19	1 Hochdruckschmiernippel für Kupplungsmuffe	T – mit Hochdruckschmierpresse durchschmieren	
20	2 Hochdruckschmiernippel für Stösselbock (Anm. 6)	T	
21	1 Hochdruckschmiernippel für Zwischenrad	T	
22	2 Hochdruckschmiernippel für Getriebewelle I	T	
23	2 Hochdruckschmiernippel für Getriebewelle II	T	
24	2 Hochdruckschmiernippel für Achsschenkel (Anm. 3)	T	
25	2 Hochdruckschmiernippel für Vorderradnaben f. Verkehrsschlepper (Anm. 3 u. 4); 4 f. Ackerschlepper (Anm. 4 u. 7)	T	
26	4 Hochdruckschmiernippel für Federbolzen für Verkehrsschlepper	T	
27	1 Hochdruckschmiernippel für Vorderachsbolzen (Anm. 5)	T	
28	1 Hochdruckschmiernippel für Bocklager der Vorderachsstütze	T	
29	1 Hochdruckschmiernippel für Steuersäule	T	
30	1 Hochdruckschmiernippel für Kupplungshebel	T	
31	2 Hochdruckschmiernippel für Kupplungsgestänge-Lager	T	
32	1 Hochdruckschmiernippel für Anhängevorrichtung für Ackerschlepper	T	
33	1 Hochdruckschmiernippel für Anhängevorrichtung	W	
34	1 Hochdruckschmiernippel für Ventilator	W	
35	2 Hochdruckschmiernippel für Steuerstange	W	
36	1 Hochdruckschmiernippel für Getriebewelle V	T	
37	2 Gelenke an der Spurstange	W – von Hand schmieren	
38	Kraftstoffbehälter		SHELL TREIBOEL

T = täglich (mindestens alle 100 km) W = halbwöchentlich (mindestens alle 250 km)
W = wöchentlich (mindestens alle 500 km) M = halbmonatlich (mindestens alle 1000 km)
M = monatlich (mindestens alle 2000 km) J = halbjährlich (mindestens alle 12000 km).

Nach längeren Betriebspausen vor Inbetriebsetzen Schmieroel von Hand pumpen (ca. 180 Umdrehungen).

Anm. 1: Alle 150 Betriebsstunden Oel auswechseln. Zentralschmierapparat vierteljährlich mit Benzin auswaschen. Oelleitungen mit Spindeloel oder warmem Motorenoel durchpumpen. Durchgepumptes Oel am Filtersieb ablassen.

Anm. 2: Nach den ersten 100 Betriebsstunden Oel auswechseln, halbjährlich auseinander bauen, reinigen und frisch füllen.

Anm. 3: Einmal wöchentlich mit der Hochdruckschmierpresse Oel durchpressen.

Anm. 4: Halbjährlich die Vorderräder abnehmen, reinigen und frisch einfetten.

Anm. 5: Beim Verkehrsschlepper sitzt der Hochdruckschmiernippel vor, beim Ackerschlepper hinter der Achse.

Anm. 6: Ein Hochdruckschmiernippel befindet sich hinter dem Ventilator-Riemenschutz.

Anm. 7: Beim Ackerschlepper sind an jeder Nabe 2 Hochdruckschmiernippel.

Alle blanken Teile gut einfetten.

Die Vorderachsfedern sind vierteljährlich zu entlasten, zwischen den Lagen zu reinigen und mit SHELL AUTOFETT leicht einzufetten.

Alle Hochdruckschmiernippel und offen liegenden Gelenke müssen vor der Schmierung von Schmutz und Staub gründlich gereinigt werden.

Um Reparaturen und vorzeitige Abnutzung zu vermeiden, verwende man ausschließlich:

SHELL TRAKTORENOEL SHELL TREIBOEL

Ausgearbeitet und zusammengestellt in Gemeinschaft mit der Heinrich Lanz A.-G., Mannheim von der Technischen Abteilung der Rhenania-Ossag Mineralölwerke A.-G.

1930

So simpel die Lanz-Technik auch sein mag – die Handhabung des Bulldogs mussten vor allem unerfahrene Landwirte erst noch lernen.

Landmaschinentechnik zum Verkaufsschlager. Als er 1870 schließlich seine eigene Firma gründet – die in den Folgejahren immer größer und erfolgreicher wird –, kann er nicht ahnen, dass sie rund 50 Jahre später durch die Entwicklung des Lanz Bulldogs absolute Weltberühmtheit erlangen wird. Er stirbt – mehr oder weniger auf dem Höhepunkt seiner Karriere – 1905, wobei sein Sohn nicht nur die Firma des Vaters erbt, sondern offenbar auch dessen besonderen Erfinder- und Unternehmergeist.

Das alles zusammen zeigt bereits, warum der Lanz Bulldog unter allen Treckermodellen so hervorsticht. Und doch gibt es noch ein letztes unschlagbares Argument für diesen Schlepper: Er hat über die Jahre und Jahrzehnte auf ganz besondere Weise die Herzen vieler Menschen geöffnet – und vermag das bis heute. Seine Fangemeinde ist enorm groß, seine Präsenz bemerkenswert – der Lanz ist einfach Kult!

So facettenreich, wie der Lanz selbst ist, so vielfältig sind auch seine Bewunderer. Der eine liebt die ersten Glühköpfe, der andere steht auf die späteren Halb- oder Volldiesel; viele schwören auf den Lanz mit Patina, manche bevorzugen dagegen den Bulldog hochglanzpoliert und frisch verchromt. Es gibt Menschen, die arbeiten mit dem Lanz auf dem Feld, andere dagegen nutzen den Bulldog als Repräsentationsobjekt auf Treckertreffen; etliche schrauben an ihm, was das Zeug hält. Wieder andere gehen mit ihm lieber auf Reisen – und zu guter Letzt gibt es natürlich auch diejenigen, die den Bulldog sammeln wie andere Briefmarken. Und alle schwören auf den unverwechselbaren Sound sowie die Kraft des Einzylinders.

Ob nun als Mit-Initiator der landwirtschaftlichen Industrialisierung, als technisches Wunderwerk mit besonderem Hintergrund oder ob als heißbegehrtes Liebhaberobjekt – offenbar stimmt auch heute noch die Aussage: „Der Lanz kann's!". Er ist und bleibt ein besonderes Stück deutscher Ingenieurskunst, gehört zum deutschen Kulturgut – und soll deshalb im vorliegenden Buch auch der Hauptprotagonist sein.

WARUM DIESES BUCH?

Das vorliegende Buch beschäftigt sich ganz bewusst nicht mit der Historie des Unternehmens Heinrich Lanz; es will auch nicht auf den speziellen Technikkosmos des Schleppers eingehen – unser Augenmerk gilt vielmehr dem Umstand, dass der Lanz Bulldog für viele Menschen eine so enorme Bedeutung hat. Das hat uns neugierig ge-

Der HL 12, ein begehrtes Sammlerstück – für viele Lanz-Fans ist er allerdings unerschwinglich. Für etwas weniger Geld kann man sich ihn aber immerhin an die Wand hängen (hier ein Gemälde von Bodo, Kapitel 7)!

macht – und brachte uns auf die Idee, dieses Herzblut einmal näher zu betrachten. Immerhin leben wir seit 2013 selbst auf dem „platten Land" in der norddeutschen Elbe-Weser-Region, umringt von Wiesen und Ackerflächen, mit Kühen am Gartenzaun, Landwirten in der Nachbarschaft – und natürlich immer in Hörweite von Schleppern, zu denen sich manchmal auch ein Lanz gesellt. Sein basslastiges Blubbern und Dröhnen ist unüberhörbar und klingt auch in unseren Ohren wie Musik aus alten Zeiten. Gleichzeitig haben wir im Lauf der Jahre eine ausgeprägte Affinität zur Landwirtschaft entwickelt – und damit selbstverständlich auch zu Treckern als solche.

Es stellte sich uns also die Frage, warum der Lanz Bulldog bei so vielen Menschen Sympathie, Begeisterung, Faszination, Bewunderung, Verehrung oder gar Liebe auslöst – und was sie daraus machen. Tatsächlich ist das Lanz-Thema auch mit dem Sujet unseres ersten Buches verwandt: „Als der Trecker kam und das Pferd verschwand – Landwirte erinnern sich" thematisiert die Einführung des Schleppers zur Mitte des 20. Jahrhunderts und lässt Zeitzeugen zu Wort kommen, die um 1950 herum selbst als Landwirte diesen einmaligen Wechsel mitgemacht haben. Und natürlich war auch in diesem Buch der Lanz schon ein Thema.

DER „UR-BULLDOG"

Am 16. Juni 1921 wird die Treckerwelt auf den Kopf gestellt: Die Firma Heinrich Lanz präsentiert der erstaunten Fachwelt auf der DLG-Ausstellung in Leipzig den ersten Rohölschlepper der Welt – den HL 12. Damit wird nicht nur ein neues Kapitel in der Fahrzeugtechnik aufgeschlagen, es beginnt vor allem eine neue Ära in der Landwirtschaft!

Schnell erhält der HL 12 auch seinen Spitznamen „Bulldog", schließlich erinnert seine gedrungene Form an die einer Bulldogge und sein Glühkopf an eine Hundeschnauze! Ab sofort bezeichnet der „Bulldog" aber nicht nur den Lanz als solches, sondern gilt in weiten Teilen Deutschlands auch als Synonym für einen Traktor schlechthin – und das ist bis heute so geblieben. Der HL 12 – mit eben 12 PS – dient als Zugmaschine ebenso wie als fahrbarer Stationärmotor zum Antrieb beispielsweise für Dreschmaschinen. Er hat einen liegenden Einzylinder-Motor, den Glühkopfmotor, der nicht selbst zünden kann, sodass die Zündung des eingespritzten Kraftstoffs im vorgewärmten Zylinderkopf erfolgen muss.

Der mit der „großen silbernen Denkmünze" der DLG ausgezeichnete HL 12 ist anfangs noch mit Eisenrädern ausgestattet. Etwas später kommt eine Version mit Hinterrädern auf den Markt, die – beispielsweise beim Verkehrsbulldog – mit Hartgummi versehen sind; eine weitere Glühkopf-Variante wird mit extrabreiten Eisenrädern („Greiferräder") für schwieriges Gelände entwickelt. Ab 1923 geht der HL 12 als Vater aller Glühköpfe in Serie – und wird in den Folgejahren für unterschiedlichste Zwecke produziert.

Auch wenn die Lanz-Liebhaber zunächst noch als „Schrottsammler“ galten – ihre Treffen waren schon 1981 ein Augen- und Ohrenschmaus

Für das vorliegende Buch haben wir nach intensiver Recherche ganz unterschiedliche Menschen gefunden, die sich ein Leben ohne den Lanz einfach nicht vorstellen können. Zusätzlich sind wir auf eine verzweigte Suche nach historischem und zeitgenössischem Bildmaterial gegangen. Denn unser Anliegen war auch, durch thematisch geeignete Fotografien die Erzählungen der Protagonisten zu veranschaulichen oder bildlich weitere Aspekte hinzuzufügen. So können im vorliegenden Buch nun insgesamt mehr als 100 Abbildungen – sowie diverse Texttafeln mit zusätzlichen Informationen – präsentiert werden.

Auf eigene Autorentexte haben wir dagegen bewusst verzichtet. Wir sind weder Treckertechnik-Experten noch Lanz Bulldog-Spezialisten, und wer diesbezüglich an weiteren Informationen interessiert ist, wird leicht eine große Auswahl an geeigneter Lektüre auf dem Buch- und Zeitschriftenmarkt sowie im Internet finden. Auch die Erzählungen unserer ProtagonistInnen haben wir zwecks größtmöglicher Authentizität vollständig in direkter Rede belassen; Umformulierungen für eine bessere Lesbarkeit wurden wiederum mit Fingerspitzengefühl nur da vorgenommen, wo es zwingend geboten war.

WARUM DIESE PROTAGONISTEN?

Zugegeben: Wir hatten uns die Suche nach geeigneten Protagonisten anfangs leichter vorgestellt. Doch es war keineswegs so, dass jeder recherchierte Bulldog-Besitzer sich öffnen und seine Geschichte erzählen wollte. Manche wichen zurück aufgrund einer Scheu, von ihren kostbaren Schleppern zu erzählen und sich damit der Außenwelt zu präsentieren. Andere wollten wiederum nicht ins Licht der Öffentlichkeit geraten, weil sie sich als Lanz-Fahrer der wachsenden Kritik durch Umweltschützer ausgesetzt sehen. Beide Gründe waren für uns nachvollziehbar und zu respektieren.

© LV Münster

Das erfolgreiche Buch „Als der Trecker kam und das Pferd verschwand – Landwirte erinnern sich“, erschien Ende 2018 im Landwirtschaftsverlag Münster und gehört dort – ebenso wie der gleichnamige Dokumentarfilm – zum festen Programm.

Gleichzeitig gab es für uns bei der Suche nach Gesprächspartnern zwei wichtige Auswahlkriterien: Zum einen wollten wir Protagonisten aus möglichst vielen Bundesländern einbinden, da der Lanz Bulldog in den verschiedenen Regionen Deutschlands gerade in früheren Zeiten einen ganz unterschiedlichen Stellenwert hatte und sich daraus entsprechend differenzierte Geschichten ergeben. Zum anderen fanden wir es reizvoll, Lanz-Fans quer durch alle Altersschichten zu finden, um das Leben mit dem Bulldog nicht nur in der Gegenwart darzustellen, sondern auch, um Erinnerungen an vergangene Jahrzehnte einzufangen. Denn die Erfahrungen von Menschen mit ihrem Schlepper stehen unweigerlich in Zusammenhang mit der jeweiligen Zeit, in der diese Erlebnisse stattfinden – und auch dieser Aspekt erschien uns wichtig.

So erzählen nun Lanz-Liebhaber aus acht Bundesländern von ihrem Leben mit dem Bulldog, von ihren schönsten und aufregendsten Erlebnissen rund um dieses Kultobjekt – der jüngste ist keine 25, der älteste bereits über 90 Jahre alt. Obwohl sie alle die gleiche Liebe zum Lanz Bulldog hegen, unterscheiden sich die Protagonisten sowohl in ihren thematischen Schwerpunkten als auch in ihrem Erzählstil – und manchmal auch in ihren Einschätzungen, was den Oldtimer angeht. Doch alle erzählen so kompetent, enthusiastisch und spannend über ihr Leben mit dem Bulldog, dass ihre Schilderungen auch ein vielschichtiges Bild gegenwärtiger und vergangener Schlepper-Zeiten zeichnen. Insofern stehen diese Protagonisten stellvertretend für mehrere Generationen, die ein Leben mit dem Lanz Bulldog geführt haben und weiterhin führen. Aber auch einige Frauen kommen hier zu Wort. Zwar scheinen Oldtimerschlepper immer noch eher eine Männerdomäne zu sein – es gibt aber auch weibliche Bulldog-Begeisterte.

In diesem Zusammenhang möchten wir allerdings betonen, dass es sich bei allen Erzählungen um subjektive Schilderungen von stellenweise weit zurückreichenden Geschehnissen handelt – insofern kann nicht gewährleistet werden, dass alle von den Protagonisten formulierten Sachverhalte, Daten und Einschätzungen „faktisch" bzw. „historisch" richtig sind oder vollumfänglich von ihnen dargestellt werden. Das Buch erhebt auch weder einen Anspruch auf Vollständigkeit, was Aspekte und Dimensionen rund um den „Lanz Bulldog"-Trecker anbetrifft, noch will es als fundierter Beitrag zur Lanz Bulldog-Historie oder -Technik verstanden werden. Hier geht es ausschließlich um persönliche Geschichten rund um die Schlepperlegende.

Zum Schluss möchten wir noch anmerken, dass – ausschließlich zum Zweck der besseren Lesbarkeit – an manchen Stellen auf die geschlechtsspezifische Schreibweise verzichtet wurde; die personenbezogenen Bezeichnungen sind in diesem Falle immer geschlechtsneutral zu verstehen.

In diesem Sinne wünschen wir allen Leserinnen und Lesern viel Freude mit dem Buch!

Ostereistedt, im September 2021
Marion Wilk und Ernst Matthiesen

Was hier sofort auffällt: Der Glühkopf fehlt. Der war beim D5506 über dem Vorderachsträger angebracht. Durch den sogenannten Seiten-Glühkopf konnte nun auch vorn eine Anhängekupplung installiert werden.

DAS UNTERNEHMEN HEINRICH LANZ UND SEINE ERFOLGSTRAKTOREN

Schon 1859 beschäftigte sich die Firma Heinrich Lanz mit landwirtschaftlichen Maschinen, stellte 1879 die ersten Lokomobile her und brachte später eine viel gerühmte – und von einer Lokomobile betriebene – Dampf-Dreschmaschine auf den Markt, von der 1885 bereits 1.000 Exemplare verkauft wurden. Auf der Pariser Weltausstellung im Jahr 1900 stand der Landmaschinenhersteller in seiner Branche mittlerweile ganz weit oben.

Als Heinrich Lanz 1905 starb, übernahm sein Sohn Karl das Unternehmen – und machte seine Lanz-Dreschmaschinen wiederum zu den besten der Welt. 1921 starb auch Karl Lanz mit nur 48 Jahren. Im gleichen Jahr entwickelte der Ingenieur Fritz Huber einen Rohölmotor mit 12 PS und Glühkopfzündung – und brachte dem Stationärmotor das Fahren bei. Der HL 12 – „HL" steht für „Huber Lanz" – gilt bis heute als DER „Ur-Bulldog" schlechthin. In verschiedenen Ausführungen war er überaus erfolgreich und legte den Grundstein für die Schlepperproduktion in Mannheim.

1923 folgte der HP mit Allradantrieb und Knicklenkung. Er galt als innovativster Schlepper seiner Zeit. Drei Jahre später wurde der erste HR-Typ produziert; ein Jahr danach kam der HR 2 Bulldog in die Produktion, den es in drei Ausfertigungen gab – als Ackerschlepper, Verkehrs-Bulldog und Raupe. 1928 wurde der HR 4 mit Thermosyphon-Kühlung entwickelt, kurz danach kamen der HR 5 und HR 6 auf den Markt, die als Verkehrsbulldogs mit Schnellganggetriebe und Kotflügeln angeboten und erstmals mit Luftreifen ausgestattet wurden. 1934 folgten neue HR-Typen, zu denen der bekannte „Eilbulldog" gehört, der gut 30 Stundenkilometer schnell war.

Ab 1942 war es dem Mannheimer Unternehmen jedoch verboten, Traktoren mit flüssigen Brennstoffen zu verkaufen; und im Zweiten Weltkrieg wurde der Großteil des Lanz-Werkes zerstört.

Nach Ende des Krieges ging es mit der Produktion der Glühkopf-Traktoren zwar weiter, doch mit den neuen Dieselmotoren konnte man nicht mehr konkurrieren. Ab 1952 reagierten die Mannheimer Ingenieure auf den technischen Fortschritt, indem sie die Halb- und Volldiesel auf den Markt brachten. Diese „Blech-Bulldogs" – wie sie von manchen auch etwas verächtlich genannt werden – konnten mit einem elektrischen Anlasser gestartet werden; der bis dahin für Lanz charakteristische Glühkopf und das umständliche Procedere mit dem Anglühen entfielen. Damit war eine neue Ära eingeläutet, die Glühköpfe wurden allerdings parallel bis in die 1950er Jahre weitergebaut.

Doch dann kam das Jahr 1956: Das Unternehmen hatte bis dahin zwar rund 200.000 Bulldogs absetzen können, aber die Süddeutsche Bank verkaufte ihre Aktienmehrheit an das amerikanische Unternehmen John Deere & Company. So kam 1957 noch eine allerletzte Bulldog-Neuheit auf den Markt, der D4016 mit 40 PS, und dann war mit allem Schluss: 1960 wurde die Firma Heinrich Lanz AG in John Deere-Lanz AG umbenannt, und die reguläre Bulldog-Produktion beendet – nur bei „Lanz Iberica" (Spanien) ging es bis 1963 weiter. Als dann 1967 auch der Name „Lanz" nicht mehr verwendet wurde, war das Kapitel „Heinrich Lanz" endgültig beendet.

© John Deere und Lanz Archiv

Schon Anfang der 1920er Jahre führte man im Mannheimer Werk die Fließbandproduktion ein. 1942, als dieses Bild entstand, rollte der 100.000ste Lanz vom Band.

© John Deere und Lanz Archiv

Mit dem „John Deere Lanz“ begann das Ende der Legende. Bald verschwand der Name Lanz aus dem Schriftzug – und der Schlepper aus den Werkshallen in Mannheim.

Da werden Erinnerungen aus den 1950er Jahren wach: Heupressen mit dem 20er Lanz und der restaurierten Presse – einer Welger AP41.

„Der Lanz gehört zu mir und zu meinem Leben!“

LAURIN, LANDWIRT AUS NORDRHEIN-WESTFALEN

Jahrgang 1997, lebt im Bergischen Land in Nordrhein-Westfalen, ist ausgebildeter Landwirt und Landmaschinen-Mechatroniker und arbeitet unter anderem im landwirtschaftlichen Betrieb der Eltern mit. Außerdem betreibt er zusammen mit Jakob (Kapitel 15) den YouTube-Kanal „Lanz Bulldog im Einsatz“.

Meine Eltern haben einen landwirtschaftlichen Betrieb mit 70 Milchkühen, außerdem machen wir Ackerfutterbau. Das heißt, ein Teil ist Futtermais für unsere Kühe, aber wir haben auch eigenes Getreide, von dem wir teilweise Mehl quetschen lassen, was dann als Ergänzungsfutter für das Milchvieh hinzu kommt. Einen 2816er Lanz haben meine Großeltern schon 1957 gekauft, später hatten meine Eltern einen 2826er, den sie in den 1970er Jahren aber gegen einen John Deere 830 eingetauscht haben. Und dann kamen ein 5720er und ein 6620er John Deere hinzu, die bis heute noch auf dem Hof sind. Außerdem haben wir hier insgesamt vier Bulldogs: den D2016, der meinem Vater gehört, den D6016 und den D1706 – und ich selbst habe den D6516. Mit Treckern hatte ich natürlich von Kindesbeinen an zu tun; das erste Mal habe ich im Alter von vier Jahren auf einem Lanz gesessen. Richtig erinnern kann ich mich daran natürlich nicht mehr – aber den alten Fotos nach zu urteilen, war ich damals schon begeistert. Gefahren bin ich das erste Mal so mit sieben oder acht Jahren, als ich mit den Füßen auch an die Pedale kam.

Den D2016er haben mein Urgroßvater und Großvater jedenfalls schon in den 1950er Jahren bekommen. Da brauchte ja jeder einen Schlepper, weil die Arbeit mit dem Pferd zu mühselig wurde. Sie hatten damals schon mehrere Schlepper als Vorführgerät, unter anderem auch einen 15 PS-Güldner. Der gefiel aber meinem Uropa und meinem Opa nicht so gut – der Schlepper hatte zwar schon eine Zapfwelle, aber nur ein Getriebe für 12 Stundenkilometer. Und da hier in der Gegend der Lanz schon ziemlich stark vertreten war, fiel dann die Wahl auf den D2016. Den hat mein Opa zusammen mit meinem Uropa 1957 gekauft, aber der Lanz hatte damals keine Hydraulik und nur ein Anbaumähwerk – also mit seitlichem Mähbalken, wie man es von früher so kennt. Jedenfalls war das bis 1962 oder 1963 der einzige Schlepper auf dem Hof. Und dann hatten meine Großeltern einen John Deere-Lanz 510 als Zweitschlepper, der hatte auch schon etwa 45 PS. Aber der erste Lanz war noch voll mit im Einsatz, damit wurde Dünger gestreut und Stroh aufgeladen, und es wurden Anhänger gefahren. Meine Eltern hatten auch einen Heulader, hinten mit diesem Raffer, den man hinter den Trecker hängen konnte, wo hinten ein Leiterwagen oder ein neuerer Anhänger drankam.

Später brauchten meine Eltern auch einen Schlepper mit Frontlader, unter anderem zum Mistladen. Da hat mein Opa einen gebrauchten D2816er gekauft, Baujahr 1958. Als Besonderheit hatte der einen Frontlader von Stoll dran, dadurch war er allerdings ziemlich verbaut – und wenn man mal etwas reparieren musste, war das schon ziemlich schwierig. Den hatten meine Eltern bis Ende der 1970er Jahre, dann wurde der 830er gekauft. Und

First Contact – Opa ist schuld an Laurins Lanz-Leidenschaft.

als dann der John Deere-Lanz wegging, kam dafür ein John Deere 2030 – einmal mit Lanz angefangen, sind sie auch bei John Deere geblieben. Und da hat der Lanz nur noch kleinere Pflegearbeiten verrichtet – so etwas wie Knollenhacken und Düngerstreuen –, weil man bei dem Lanz die Räder herumdrehen konnte, sodass er von der Spur genau in die Reihen passte. Bis 2003 haben wir diesen Lanz noch jedes Jahr zum Knollenhacken mit der Hackmaschine genutzt. Dann haben wir den Anbau von Futterrüben aufgegeben – man kennt ja die Arbeit, die ist sehr zeitaufwendig und kostenintensiv.

Mein Vater hat diesen Lanz damals, als er 12 oder 13 Jahre alt war, auch schon mal neu angepinselt. Aber das war eine falsche Farbe, so ein helleres Blau. Irgendwann haben sich dann mein Opa und mein Vater dazu entschlossen, den Lanz richtig zu restaurieren. Denn er lief auch vom Motor her nicht mehr so gut. Er hatte nur noch wenig Kompression, der Motor war sauer geworden, und der Öler war verschlissen. Er sprang auch ziemlich schlecht an und musste angeschleppt werden – was man ja eigentlich nicht machen soll – und das dauerte zwei Runden um den Hof, bis er wirklich lief.

Bis dahin war der Lanz einfach nur ein Arbeitsgerät für uns. Aber dann kam das so langsam auf, dass ein Bulldog mehr Wert besaß. Mein Opa bekam schon Anfragen aus Holland, ob er den denn nicht verkaufen würde, aber er hat sich zum Glück dagegen entschieden. Und dann hat er ihn 2003 zusammen mit meinem Vater zuerst technisch restauriert – also den Motor machen und den Zylinder schleifen lassen – und dann auch optisch restauriert und komplett lackiert, sodass der Lanz wie im Neuzustand dastand. Und als ich so 13, 14 Jahre alt war und ihn eigenständig starten und fahren konnte, habe ich ihn quasi nachrestauriert; ich habe ihn unter dem Rumpf komplett sauber gemacht und die Motorhaube neu lackiert. Und im gleichen Zuge habe ich dann noch ein Dach nachgerüstet. Meine Großeltern hatten nämlich früher mal ein Dach geschenkt bekommen für den Lanz, das war noch eins mit fester Frontscheibe, aber über die Jahre war das natürlich kaputtgegangen.

Als dann irgendwann eine Hydraulik notwendig wurde, hat mein Opa aus dem Schrott eine Blockhydraulik geholt und an unserem 2016er nachgerüstet. Original hatte der nur hinten eine starre Ackerschiene und für den Mähbalken eine Handpumpe. Mein Opa hat die Blockhydraulik angebaut, damit man damit weitere Maschinen bedienen konnte. Und bis heute wird der 2016er genutzt, hauptsächlich im Sommer. Dieser Bulldog ist schon immer in unserer Familie gewesen – und vier Generationen haben auf ihm das Fahren gelernt: mein Uropa, mein Opa, mein Vater und ich.

2016 war ich 19 Jahre alt und habe mir von meinem ersten eigenen Geld den D6516er Halbdiesel geholt. Eigentlich hatte ich mit einem Glühkopf geliebäugelt – aber es ist der Halbdiesel geworden, weil eben beim Glühkopf die Getriebe-Erweiterungen fehlen mit der mittigen Zapfwelle, der kupplungsunabhängigen Zapfwelle und den Kriechgängen – und damit kann man in der Landwirtschaft nicht vernünftig arbeiten. Ich wollte ja immer einen Bulldog haben, den ich richtig einsetzen kann. Den D6516er habe ich bis 2018 restauriert und so umgebaut, dass er zu unseren landwirtschaftlichen Geräten und Maschinen passt – deshalb habe ich ihn auch hydraulisch und vom Fahrkomfort her verändert.

Abgearbeitet: Der Familien-Lanz vor der Restauration durch Laurin und seinen Opa Hubert.

Endlich hat der Spanier TÜV. Jetzt kann es losgehen mit dem Lanz D6516.

Warum ich Lanz so gerne mag, hängt zusammen mit der Einfachheit der Bedienung – wenn man denn weiß, wie es richtig funktioniert. Aber mich begeistert auch die Einfachheit der Technik: Wenn etwas kaputt ist, kann man sich mit den einfachsten Mitteln helfen. Das war ja schon von Anfang an so konstruiert, dass man den auf dem Feld eben selbst reparieren konnte, wenn etwas kaputt ist. Denn der Schlepper musste früher einfach laufen – das konnte sich keiner erlauben, ihn extra in die Werkstatt zu bringen. Und das ist am Lanz so einfach; ich kenne am Bulldog kein Teil, was nicht abgebaut werden kann. Hinten ans Getriebe kommt man schnell dran, vorn am Motor hat man alles schnell gemacht – dagegen liegen andere Schlepper in der Reparaturfreundlichkeit weit zurück. Und der Klang ist natürlich das Besondere wegen des liegenden Einzylinders. Ich persönlich fahre bei uns nur mit Funkensieb wegen der Brandgefahr, dadurch wird bei den Volldieseln der Sound zwar etwas leiser – aber den Schlepper hört man trotzdem schon, wenn man ins Dorf hineinfährt; da weiß der Nachbar vom anderen Ende schon, dass ich komme.

Von meiner eigenen Fahrerfahrung kenne ich nur die Voll- und Halbdiesel, aber beim Kollegen bin ich auch Glühkopf gefahren – und ich sage mal so: Die haben beide ihre Vorzüge und ihre Nachteile. Was mir persönlich nicht so gefällt: Den Glühkopf hört man ja von noch viel weiter weg, eben weil der auch das direkte Auspuffrohr nach oben hat und 10 Liter Hubraum. Wenn da einer über den Berg fährt, da denkst du, da kommt ein Hubschrauber. Und der Halbdiesel, der schreit seine Leistung nicht so nach außen, der hat die eher hinter seinem tiefen, dunklen Klang versteckt. Aber der Glühkopf war eben die einfachste, primitivste Technik, mit der sie damals in den 1930er Jahren angefangen haben – da finden sich auch im Halbdiesel einzelne Sachen wieder, die es von ganz früher gibt. Für mich persönlich ist das alles so ein Entwicklungsstrang – vom Glühkopf bis zum Halbdiesel.

Auf jeden Fall ist die besondere Herausforderung beim Lanz, dass man ihn als Schlepper vielleicht nicht beherrschen können muss, aber man sollte schon wissen, wofür jedes Teil am Bulldog da ist. Gerade wenn der Lanz ständig im Einsatz ist, muss dem Fahrer jedes Element und jede Feinheit genau bekannt sein. Auch das Fahren und Schalten ist etwas Wichtiges, auch wenn das bei den Volldieseln vom D1616 bis zum D4016er schon sehr vereinfacht wurde. Da muss man schon beim Schalten und bei der Bedienung wissen, welchen Gang man wählt; schließlich haben diese Modelle ja eine Kupplungsbremse, um die Geschwindigkeit der Schwungräder zu regeln – und das muss zu dem Gang passen, den man wählt. Wenn man nämlich irgendwo am Berg oder überhaupt während des Schaltens stehen bleibt, dann kann man wieder von null anfangen im ersten Gang – das muss man also schon beherrschen mit der Schaltung.

Was die Sparsamkeit des Motors angeht, ist der Lanz übrigens unübertroffen. Bei Lanz hat man damals in den Tests selbst unter Dauerleistung bei den Halbdieseln festgestellt, dass nur 175 Gramm Diesel pro PS in der Stunde verbraucht werden. Und selbst die neuesten Motoren, die wir in den Schleppern haben, kommen nicht auf diesen Wert. Kein Motor dreht sich so leicht und hat diesen Schwung wie der Bulldog! Das glaubt einem zwar keiner – wie kann so ein Trecker aus den 1950er Jahren weniger Sprit verbrauchen als ein neuer Schlepper – aber das ist halt einfach diese Motorbauweise: wenig Kompres-

So ist es bei Laurin: Kaum ist ein Lanz fertig, kommt schon der nächste unter das Messer.

In diesem Betrieb stehen die Lanz nicht in der Scheune – sie müssen sich den Diesel richtig verdienen.

sion, der schwere Schwung, das Drehmoment. Und um den Motor auf Drehzahl zu halten, braucht man eben lange nicht so viel Sprit wie bei einem hochverdichteten Mehrzylinder, der wenig Schwung hat. Das ist auch der Vorteil beim Arbeiten mit dem Mähwerk oder sonst etwas, wo man auch viel Drehzahl braucht – das ist beim Lanz schon etwas, was kein anderer Motor schafft.

Das Fahren auf dem Originalsitz ohne Rückenlehne ist allerdings nicht gerade angenehm – vor allem bei den größeren Bulldogs, bei denen man auch mal heftiger auf die Bremse und das Kupplungspedal treten muss. Deshalb habe ich bei meinem Lanz eine Rückenlehne eingebaut. Klar, es gibt Leute, die sagen, das kann man doch nicht machen, das ist ja nicht mehr original – aber für mich muss es auch Komfort beim Fahren geben. Was nützt es mir, wenn ich mit dem Lanz arbeiten kann, aber anschließend mit Rückenschmerzen krank bin. Man hat beim Lanz natürlich auch keine geschlossene Kabine, aber mit dem Stahlblech drumherum sitzt man vielleicht sicherer als auf einem Schlepper mit ganz offener Kabine, wo vorne nur Glasfasertüren sind.

Zu meinen schönsten Erlebnissen gehören diese besonderen Fahrten mit dem Lanz. Als ich zum Beispiel den 6516er das erste Mal auf der Straße mit roter Nummer zum TÜV fahren konnte, das war sehr schön – da war ich richtig aufgeregt und stolz. Auch mit dem 6016er war das so – der ist fast baugleich zu dem 6516er, der in Spanien gebaut wurde. Bei dem war außerdem das Besondere, dass ich den erstmals im Frühjahr auf dem Acker einsetzen konnte. Ich habe damit gemulcht und gepflügt, später habe ich den in der Maisernte eingesetzt, weil ich auch einen Frontlader nachgerüstet hatte. Das sind diese besonderen Momente, nachdem man Tausende Stunden an dem Schlepper gearbeitet hat, um ihn endlich bewegen zu können.

Auch mit dem 65er habe ich etwas Besonderes erlebt. Da waren vom Vorbesitzer Getriebezahnräder drin, die zu weich waren. Und als ich beim Mähen anfahren wollte, da hat der Trecker komplett blockiert mit dem Getriebe, und plötzlich waren da zwei Gänge eingelegt, weil sich beim Zahnrad eine Befestigung gelöst hatte. Ich bin dann mit dem nach Hause gefahren, musste diesen komplett restaurierten Trecker erst mal in der Mitte trennen und an das Getriebe richtig ran. Das sind dann so Momente, in denen man auch mal voller Wut denkt: Jetzt könnte ich ihn wirklich verkaufen.

Mein Highlight ist auf jeden Fall das Schrauben – einfach, weil ich das gern mache. Als Kind habe ich schon liebend gern gepuzzelt – und der Lanz ist mein heutiges Puzzle. Wenn ich so ein Getriebe vom 60er vor mir sehe und die Zeit habe, könnte ich das komplett auseinandernehmen, die ganzen Sachen auf dem Hof verstreuen und so zusammensetzen, dass es wieder funktioniert – denn dass die Technik so funktioniert, das fasziniert mich einfach. Aber so richtig mit der Hand putzen, das tue ich nicht; wenn ich mit den Bulldogs gearbeitet habe, dann läuft da ohne Hochdruckreiniger sowieso nichts. Die sind aber auch so lackiert, dass das ihnen nichts ausmacht.

Aber selbst wenn man bei so einem 60 Jahre alten Schlepper alles restauriert, passiert es schon mal, dass man irgendwo noch nacharbeiten muss. Ich habe zum Beispiel mal mit dem 6016er erlebt, als ich mit dem im Frühjahr beim Pflügen war, dass er einfach stehenblieb, und ich konnte ihn auch nicht mehr starten. Ich habe überlegt, woran das liegen könnte und habe alles Mögliche durchprobiert. Später habe ich dann sogar einen Kolben ausgebaut und festgestellt, dass vom Alu oben die Kolbenringe verklebt waren und nicht mehr an die Wandung gingen. Dadurch hatte der Lanz nicht mehr genug Schwung zum Starten – die Zündung war halt zu lasch.

Ersatzteile für die Bulldogs bekommt man aber überall – der Markt dafür ist einfach riesig. Aber wer nicht schrauben kann, ist abhängig von anderen, die sich mit dem Bulldog gut auskennen – denn die Lanz-Technik ist schon sehr speziell. Mir macht jedenfalls beides Spaß: schrauben und fahren. Das Schrauben habe ich mir zum größten Teil selbst beigebracht, mithilfe vom Lanz-Bulldog-Forum und anderen Internetquellen. Das Ganze ist allerdings ein sehr zeitintensives Hobby – und wichtiger, als in die Disko zu kommen. Die Leute in meinem Umfeld finden das sehr faszinierend, wie sich ein Mensch so intensiv mit diesem Thema auseinandersetzen kann – also, dass ich da alles in- und auswendig kenne. Meine Familie unterstützt das auch, bei meinem Vater habe ich meinen festen Platz auf dem Hof, wo ich meinen Trecker abstellen kann.

Früher habe ich auch schon mal Ausfahrten gemacht am Wochenende, auch mit meinem Opa. Außerdem bin ich öfter zu Treckertreffen gefahren – tatsächlich aber bin ich doch eher in der Werkstatt am Schrauben. Wenn ich auf Treckertreffen bin, dann gibt es schon Leute, die mir Fragen stellen; vor allem, weil meine Schlepper nicht original restauriert sind. Dann überlegen sie beispielsweise, was die ganzen zusätzlichen Druckanschlüsse für die Hydraulik sollen. Aber wenn ich denen das erkläre, dann finden sie es total cool, was ich mit dem Schlepper alles machen kann. Also – keine bösen Blicke, sondern eher so: „Cool, dass das einer mal so macht und mit so einem Bulldog richtig arbeitet."

Auf der anderen Seite gibt es aber natürlich auch Neider. Auf den Treffen werde ich zwar nicht komisch angesprochen, aber es wird dann schon mal so getuschelt – nach dem Motto: „Wie kann man einen Bulldog nur so umbauen?" oder „Wie kannst du nur so einen Sitz mit Rückenlehne auf den Lanz montiere?" oder „Das ist ja gar nicht original mit der Hydraulik." Die Leute können sich wahrscheinlich nicht vorstellen, dass jemand damit noch so arbeitet, wie ich das mache. Dabei würde ein großer Teil der Leute ihren Bulldog selbst gern einsetzen können.

Aber es gibt eben auch die, die ihren Lanz nur als Ausstellungsstück nutzen. Manche parken ihren Schlepper sogar direkt um, wenn es auf dem Treffen mal ein bisschen staubt. Und andere finden es toll, mit ihrem Bulldog durch das tiefste Matschloch zu fahren und haben dabei großen Spaß. Für manche ist der Lanz auch ein Statussymbol, aber ich bin eher froh und stolz, dass ich die Bulldogs zur Arbeit richtig einsetzen kann. Und die Lanz-Begeisterten hier aus meiner Region, die finden das eigentlich alle richtig cool, was ich mache – auch wenn die selbst Original-Bulldogs haben. Es gibt nämlich gar nicht so viele, die den Lanz noch richtig zur landwirtschaftlichen Arbeit einsetzen, die kann man sozusagen an zwei Händen abzählen. Manche machen noch Holz mit dem Bulldog, aber richtig in der Landwirtschaft – da gibt es kaum noch Leute, die das machen.

Für mich ist ein echter Lanz übrigens derjenige, der einen wirklichen Lanz-Motor hat, der einen einfachen Einzylinder-Zweitaktmotor hat mit wenig Verdichtung und viel Hubraum. Und das sind alle Bulldogs vom HL 12 über Mops bis hin zu den 40er Volldieseln – das sind für mich die wahren Lanz. Von der Konstruktion her ist mein Lieblings-Lanz allerdings der große Halbdiesel, die Modelle 50er und 60er mit dem Getriebe der mittigen Zapfwelle – denn die kann man unabhängig vom Fahrbetrieb schalten. So langsam könnte ich mir aber gut vorstellen, auch einen 10 Liter-Glühkopf zu haben – das wäre noch ein tolles Projekt.

Generell ist der Lanz jedenfalls sparsam, absolut zuverlässig und kraftvoll. Und es ist einfach super, dass Bulldogs wie der HL 12 und der Mops, die vor rund 100 Jahren gebaut worden sind, bis heute laufen. Es begeistert mich total, dass sich der Lanz bis heute so gehalten hat, dass man diesen Schlepper auch noch nach 100 Jahren richtig nutzen kann und er sozusagen unkaputtbar ist. Und ich bin gespannt darauf, wohin diese ganze Entwicklung noch gehen wird – zumal das Thema

Kalenderidylle – nicht original, sondern der Alltagspraxis angepasst. Lenkhilfe, Steuergeräte und eine Druckluftbremse machen aus dem Schlepper von 1960 ein modernes Arbeitstier.

Der 20er und der 65er Lanz – aus dem Familienleben sind diese Schlepper nicht mehr wegzudenken.

mit der Umweltfreundlichkeit und der Elektromobilität ja immer größer wird und die Frage auftaucht, wie es dann mit den Oldtimer-Traktoren aussehen wird: Ob man mit dem Lanz in 10 oder 20 Jahren überhaupt noch auf der Straße fahren darf – oder ob er dann zu einem Museumsstück wird? Das interessiert alle Oldtimer-Fans brennend, und mich natürlich auch. Der Lanz, der gehört jedenfalls einfach zu mir und zu meinem Leben!

Ob auf dem Acker oder in der Werkstatt – Laurin und Jakob sind mit der Kamera überall dabei.

„LANZ BULLDOG IM EINSATZ" – DER YOUTUBE-KANAL VON LAURIN UND JAKOB

Laurin betreibt – gemeinsam mit Jakob (s. Kapitel 15) – den erfolgreichen YouTube-Kanal „Lanz Bulldog im Einsatz". Die beiden jungen Landwirte filmen ihre Arbeit, wann immer es geht – und sind voller Leidenschaft dabei.

„Wir sind mit unserem YouTube-Kanal fast die Einzigen, die den Bulldog im landwirtschaftlichen Arbeitseinsatz zeigen. Es gibt zwar welche, die beispielsweise drehen, wie sie Holz mit dem Lanz machen – aber dass einer auf die Idee kommt, auf seinem 200 Hektar großen Land mit einem Glühkopf-Lanz zu grubbern, das ist eher nicht der Fall", meint Laurin. Und Jakob ergänzt: „Dass wir mit unserem YouTube-Kanal so viel positiven Zuspruch erhalten, hätte ich nicht gedacht. Dass uns so viele Leute anschreiben und technische Tipps haben wollen – das ist schon etwas ganz Besonderes und eines der schönsten Erlebnisse für mich rund um den Lanz Bulldog."

Mehr zum Videokanal von Laurin und Jakob im Internet unter: www.youtube.com/c/LanzBulldogsimEinsatz

Eine der ersten Touren mit dem Lanz Bulldog – aber noch ohne „Weinfass“ als Wohnanhänger.

„Da kommt gleich der Deutsche mit dem Bulldog.“

HUBERT, MOSKAU-FAHRER AUS BADEN-WÜRTTEMBERG
Jahrgang 1948, hat als Automechaniker 30 Jahre bei Daimler-Benz in der Qualitätssicherung gearbeitet und wohnt in der Nähe von Pforzheim in Baden-Württemberg.

Ich hatte schon Kontakt zu Landmaschinen, sobald ich laufen konnte, denn ich bin auf dem Land geboren. Meine Eltern hatten zwar keinen eigenen Bauernhof, aber in der Nachbarschaft gab es etliche Landwirte. Mit den Bauern sind wir aufs Feld gefahren, da haben wir geerntet und mit den alten Maschinen Holz gemacht. Es gab auch Dreschmaschinen, die noch mit Transmissionsriemen angetrieben wurden. Später haben wir vom Sportverein mal ehrenamtlich Altmaterialien gesammelt – ich war etwa 12 oder 13 Jahre alt – und da habe ich erlebt, dass ein Schmied doch tatsächlich alte Lanz-Maschinen mit dem Schweißbrenner zerlegt hat. Die alte Technik wurde einfach zerlegt. Das tut mir heute noch weh; ich fand den Lanz Bulldog einfach toll. Dann sind in meinem Leben aber einige Jahrzehnte ohne den Lanz vergangen. Später habe ich mir erst mal einen Einachser zugelegt, einen Hummel. Der hatte nur 10 PS und fuhr 10 Stundenkilometer schnell – aber mit dem bin ich nach Santiago de Compostela gefahren. Und später hatte ich auch einen Allgaier, mit dem war ich in Ungarn unterwegs.

2013 war ich dann auf einer Messe in Sinsheim und habe einen Feinmechaniker kennengelernt, der sich mit den Bulldogs gut auskannte und einen restauriert hatte – und so kam ich mit dem Lanz wieder in gedankliche Verbindung. Und weil ich mir auch endlich einen Lanz kaufen wollte, habe ich im Internet gesucht und einen Bulldog in Brandenburg gefunden, in der ehemaligen DDR. Ich habe mir den Lanz vor Ort auch angeschaut. Das war ein 7506, ein Glühkopf mit 20 PS; er war auch super lackiert und laut dem Besitzer total überholt. Aber als ich Probe gefahren bin, habe ich gemerkt, dass die Bremsen nicht hundertprozentig in Ordnung waren. Als Automechaniker meinte ich jedoch, das sei kein großes Problem und habe den Bulldog gekauft. Das Ganze entwickelte sich jedoch verzwickter als gedacht – und dann ging es mit den Reparaturen los. Der Öler war nicht richtig eingestellt, und die Bremsen und auch die Lichtmaschine waren nicht hundertprozentig. Aber ich bin halt so ein Typ, der nicht einfach aufgibt und der durchzieht, was er anfängt. Und so war es damals auch. Und immerhin habe ich mir mit diesem Bulldog meinen Kindheitstraum erfüllt.

Beim Lanz fasziniert mich einfach die Machart der Mechanik. Also, die damalige Ingenieurskunst ist einfach bewundernswert. So eine simple Mechanik ohne Steuergerät, aber sie funktioniert, und das selbst heute noch. Ich habe den Lanz sogar mal bei Minusgraden draußen gehabt, habe ihn vorgeheizt und angemacht – und der lief. Er läuft überhaupt am besten, wenn es kalt ist und er arbeiten muss.

Treckertreffen sind übrigens nicht mehr so mein Ding. Früher habe ich auf den Treffen einfach meinen Bulldog abgestellt und einen Zettel drangehängt: „Anwerfen um die und die Uhrzeit“. Aber momentan fahre ich gar nicht mehr zu solchen Treffen. Da kommen meist so viele Traktoren hin, die extrem restauriert sind mit Messingschrauben als Radmuttern und Ähnlichem – so haben die Schlepper das Werk aber gar nicht verlassen. Das lehne ich aus Prinzip ab, das gefällt mir einfach nicht. Meinen Lanz würde ich jetzt wegen der Patina auch nicht mehr lackieren – man soll seine Falten ruhig sehen. Man soll sehen, dass er lebt! Ich reise jedenfalls lieber – und das am besten mit dem Glühkopf. Ich war ja von Anfang an vom Anglühen begeistert. Man muss den Lanz morgens abschmieren, putzen und Öl nachfüllen – und in diesem Arbeitszyklus gehört das Anheizen einfach dazu. Und beim Fahren gehört auch das Schrauben dazu. Auf meinen Touren habe ich mir immer gewünscht, wenigstens einen Tag lang mal saubere Hände zu haben – aber das klappte nicht, die waren immer ölverschmiert.

2013 hatte ich mir jedenfalls überlegt, mit meinem Lanz zur Fußball-WM nach Moskau zu fahren. Vorher musste ich aber überhaupt erst mal mit dem Lanz fahren üben, das hatte ich mir so gar nicht vorgestellt. Ich habe bei Mercedes in der erweiterten Auslieferungskontrolle gearbeitet und dabei die schnellsten Autos mit 500 PS gefahren – und von da bin ich sozusagen umgestiegen auf den Lanz mit langsamen 20 Stundenkilometer. In der Zeit wurde ich oft gefragt, wie ich es schaffe, von den schnellsten Autos auf so langsame Traktoren umzusteigen – aber mein Arbeitsleben war sehr stressig, und Traktorfahren entschleunigt. Zumal man dabei auch auf Wegen unterwegs ist, die man mit dem Auto nie befahren würde. Trotzdem musste ich das Fahren erst mal lernen, auch dass der Bulldog bei der Bergabfahrt nicht ausgeht – der hat ja schließlich keine Motorbremse. Und als Zweitakter muss man den Lanz beim Herunterfahren eben am Laufen halten, damit die Glühnase nicht abkühlt und der Motor nicht einfach ausgeht; also dieses Spiel zwischen Gasgeben und Bremsen, das musste ich erst mal herausfinden.

Ich wollte jedenfalls unbedingt nach Moskau zur Fußball-WM. Allerdings war ich zuvor nie in Russland gewesen, ich hatte darüber nur einiges im Fernsehen gesehen und war von diesem Land fasziniert. Für die Reise musste ich aber natürlich einiges vorbereiten. Vor allem hatte ich die Idee, ein Saunafass umbauen zu lassen. Der Saunafass-Hersteller, mit dem ich darüber sprach, war so begeistert, dass er extra für die Reise ein besonderes Campingfass gebaut hat. Die Erkenntnis: Wenn man Menschen mit den gleichen Träumen begegnet, kann man viel erreichen und bewegen. Jedenfalls sah das Ganze aus wie ein großes Weinfass, das quasi zu einem Wohnwagen umgebaut wurde, inklusive Kühlschrank und allem, was man so benötigt. Anschließend brauchte ich allerdings noch ein extra Fahrgestell. Das Erste, was ich gekauft hatte, war aber zu hoch, da stimmte der Schwerpunkt nicht – also brauchte ich ein tieferes. Aber zu guter Letzt hat alles funktioniert, und TÜV habe ich auch bekommen. Dafür hatte mir jemand noch einen Tipp gegeben: Wenn

Testfahrt mit dem Lanz, bevor es auf die Moskau-Tour geht.

Ein großes „Weinfass“ als Wohnanhänger – gute Idee.

das Fass abnehmbar ist, gilt es als Ladung und nicht als Wohnwagen. Und das hat auch geklappt. Insgesamt haben die Vorbereitungen für die Moskau-Tour etwa eineinhalb Jahre gedauert; danach habe ich das Gespann hier bei uns im Schwarzwald erst einmal getestet – und festgestellt: Das schaffen wir.

Den Wohnwagen – also das Fässchen – habe ich ganz normal beladen mit Lebensmitteln und eben mit allem, was man so braucht. Und dann bin ich losgefahren. Mein Hund „Hexe“ – eine Dackeldame – ist natürlich mitgekommen und hat einen Extrasitz bekommen; sie mag den Traktor und will auch immer mitfahren.

Der Lanz fährt mit neuen Reifen immerhin so 25 Stundenkilometer schnell. Nach Moskau waren das pro Strecke etwa 2.500 Kilometer – also, insgesamt bin ich knapp 6.000 Kilometer gefahren. Bei der Abfahrt war aber zunächst mein großes Problem, dass ich die WM-Eintrittskarten noch nicht hatte und somit auch nicht das Visum für Russland. Auch die FIFA konnte mir da nicht weiterhelfen. Also bin ich einfach losgefahren Richtung Schwäbisch Hall, Karlsheim, Nürnberg – und diese Strecke war ziemlich anstrengend. Da geht es stellenweise sehr steil bergauf und bergab, mit Gefälle von fünf bis acht Prozent – da haben die Bremsen ganz schön geglüht, und ich musste sehr vorsichtig mit dem Lanz umgehen. Von dort ging es weiter in die Tschechei und nach Polen. Und als ich in Warschau mit meiner Freundin telefonierte, habe ich von ihr erfahren, dass die Karten endlich angekommen waren. Die hat sie mir nachgeschickt, das hat eine Woche lang gedauert. Ich habe die Zeit genutzt, um das Warschauer Ghetto und Kulturveranstaltungen zu besuchen – und dann hielt ich die Eintrittskarten und das Visum endlich in meinen Händen.

Am Tag bin ich meistens um die 120 Kilometer weit gefahren, habe zwischendurch Essen gekocht und

Letzter Check: Auch der Beifahrerkorb für Hündin Hexe passt.

Kaffee getrunken oder mir etwas angesehen – das waren immer so acht Stunden, die ich unterwegs war; alles schön ruhig und gemütlich. In Russland waren die Straßen aber schon ein Problem – da gab es ein Schlagloch nach dem anderen. Und als ich nach dreißig Tagen in Moskau angekommen bin, brauchte ich einen ganzen Tag, um alle Schrauben nachzuziehen. Aber ich hatte mir den Lanz ja extra schon vor der Reise umgebaut. Der 7506 hat vorn eine Starrachse, die hatte ich gegen eine gefederte Achse ausgetauscht und außerdem die Spurweite verbreitert – so ließ sich der Bulldog viel ruhiger fahren.

Trotzdem musste am Bulldog natürlich immer mal etwas repariert werden. Aber es war auch immer jemand zur Stelle, wenn ich Hilfe brauchte – das war richtig schön. Zwei Mal war der neue Kühler oben an der Lötstelle undicht. Das lag wohl auch an den schlechten Straßen und an den Erschütterungen, der

Ein kritischer Blick: Ob der Lanz wohl diese fast 6.000 Kilometer lange Tour durchhalten wird?

Lanz wurde ja total durchgeschüttelt. Ich bin dann glücklicherweise auf einen Soldaten getroffen, der in Afghanistan gewesen war. Er besaß Oldtimer-Autos und hatte deshalb spezielles Dichtungsmaterial. Das habe ich benutzen dürfen – und schon war alles wieder dicht. Na ja, manchmal war es mit den Reparaturen so weit von zu Hause nicht ganz einfach, aber da muss man eben Ruhe bewahren und dann regelt es sich schon und es geht weiter.

Und in Russland war es dann so – der Lanz ist ja nun sehr laut –, dass ein Dorf das andere per Telefon informiert hat. Da hieß es: „Da kommt gleich der Deutsche mit dem Bulldog." Und wenn ich dann kam, standen die Leute quasi Spalier. Sie schenkten mir auch Lebensmittel wie Brot und Milch, sie haben richtig für mich eingekauft. Da hieß es immer: „Nimm das mit für die Reise." Also, das kann man sich gar nicht vorstellen, das muss man erleben. Ich wurde von den Leuten dort richtig beschenkt – und hatte oft ein schlechtes Gewissen, weil ich ihnen gar nichts zurückgeben konnte.

Die Russen haben zwar auch eine Tradition im Traktorenbau – nur einen Lanz, den haben sie noch nie gesehen. Auf dem Campingplatz in Moskau habe ich die beiden Seitenteile abgebaut und ihnen gezeigt, dass der Lanz-Motor auch rückwärtsläuft – da waren alle total erstaunt. Natürlich waren sie auch darüber verblüfft, dass man eine Maschine anheizen und mit dem Lenkrad starten muss.

Der Verkehr in Russland ist übrigens gewöhnungsbedürftig und nicht gerade ungefährlich. Zwar kann man im Straßenverkehr, wenn man die durchgezogene weiße Linie überfährt, schnell den Führerschein verlieren – da ist die Polizei sehr akkurat. Aber wenn die Straße breit ist, kommt es häufig vor, dass auf dem Standstreifen überholt wird. Und der ist meistens unbefestigt – und dann wird es ziemlich staubig. Also, in Russland überfahren sie nicht den weißen Strich – aber auf der Standspur wird überholt, und das nicht gerade langsam. Ich wurde auch häufig überholt, die Leute sind dann schnell ausgestiegen und haben mich angehalten – und es sind immer alle ausgestiegen: also Eltern, Kinder, ganze Familien. Sie haben sich dann auf den Bulldog gesetzt, meinen Hund auf den Arm genommen und Fotos gemacht.

In Belarus und in Russland bin ich auch etwa fünf Mal am Tag von der Polizei angehalten worden – aber nur deshalb, weil sich auch die Polizisten den Lanz anschauen und ihn fotografieren wollten. Wenn ich ihnen angeboten habe, sich mal auf den Bulldog draufzusetzen, dann haben sie das auch gern gemacht – alle waren immer sehr freundlich und extrem neugierig. In Russland bin ich auch vielen Soldaten begegnet, die in der DDR stationiert waren – sie sprachen etwas Deutsch und ein paar Brocken Englisch; ansonsten habe ich mich mit Händen und Füßen verständigt, das klappte immer ganz gut. Mein schönstes Erlebnis hatte ich aber mit einem Kind. Es hat mir ein Bild gemalt mit meinem Hund und dem Campingfass – das war wirklich sehr anrührend.

Als ich in die Region von Moskau kam, entdeckte ich jedenfalls einen Bauhof mit Schneepflug und Kehrmaschinen und bin einfach auf diesen Betriebshof gefahren. Die Leute vor Ort waren zunächst total erstaunt, und dann sehr freundlich. Der Betriebschef meinte, ich könne doch nicht allein nach Moskau weiterfahren, das sei unmöglich. Der Verkehr auf den vierspurigen Straßen sei viel zu riskant für mich, und gleichzeitig sei es doch lebensgefährlich, im Straßenverkehr ständig gefilmt und fotografiert zu werden. Deshalb sagte er: „Sie übernachten jetzt hier und morgen früh geleiten wir Sie ins Zentrum von Moskau.“ Dann fuhren sie am nächsten Tag mit einem großen Schneepflug vor mir her, und hinter mir fuhr extra die Polizei – so bin ich nach Moskau hineingefahren.

Und dann stand an der Straße gleich das russische Fernsehen mit zig Kameraleuten. Erst wollte ich einfach vorbeifahren – ich habe gar nicht so schnell begriffen, dass sie meinetwegen gekommen waren. Aber dann hat mich die Polizei mit der Kelle direkt zu den Medienleuten herausgewunken – da war es nur gut, dass ich mich morgens noch schnell rasiert hatte. Den Polizeischutz hatte ich jedenfalls nicht beantragt, die waren plötzlich einfach da. Ich hatte allerdings von Moskau eine Dolmetscherin zugewiesen bekommen – die konnte ich Tag und Nacht anrufen, wenn ich etwas

Abend-
quartier,
irgendwo in
Russland.

brauchte – und vielleicht hat sie ja der Polizei von mir erzählt. Jedenfalls hat mich dann später sogar der Polizeichef von Moskau besucht und meinte: „Wenn du etwas brauchst – wir regeln das."

So kam ich also nach Moskau. Ich war dann auf dem Campingplatz Sokolniki, auf dem sich Fußballfans aus der ganzen Welt getroffen haben. Und es dauerte nicht lange, da musste ich zwei Stadtrundfahrten mit dem Lanz machen – wieder mit Polizei und Presse, das war vielleicht ein Trubel. Ein Reporter hat dann noch gemeint, ich wäre „der beste Botschafter für mein Land" bei der WM. In Moskau blieb ich jedenfalls drei Wochen. Nach der WM war mein Visum allerdings nur noch zehn Tage gültig, da galt es aufzupassen. Denn nach St. Petersburg sind es immerhin noch etwa 800 Kilometer. Deshalb wurde ich dorthin von einem Auto-Club begleitet, vorne und hinten mit einem Wagen mit Gelblicht – damit habe ich die Strecke gerade mal eben so geschafft in der Zeit. Allerdings konnte ich nicht einfach mal anhalten, wenn ich es wollte – so zu reisen, wie ich es kenne und mag, das war da nicht möglich. Und das hat mir nicht gefallen. Also habe ich die Dolmetscherin angerufen und ihr mein Problem geschildert. Aber sie antwortete mir: „Wenn dir etwas passiert, dann bringen die uns um – du bist hier einfach eine VIP-Person."

Später bin ich von Petersburg mit dem Schiff nach Travemünde gefahren, danach über Holland und durch Hessen wieder nach Hause. Insgesamt war ich etwa drei Monate unterwegs – und diese Reise hat mich schon verändert. Wenn man solche Erlebnisse hat und so vielen Menschen begegnet, dann bekommt man schon eine andere Weltanschauung. Auch, wenn meine Nationalmannschaft nicht das erreicht hat, was ich erwartet hatte – diese Menschen dort haben mir viel gegeben, und das als Deutscher! Mit einigen Menschen in Russland steh ich immer noch in Verbindung. Ich plane mit dem Lanz jedenfalls wieder eine Reise, aber diesmal innerhalb Deutschlands – eine Tour zum Baikal-See wäre allerdings mein Traum.

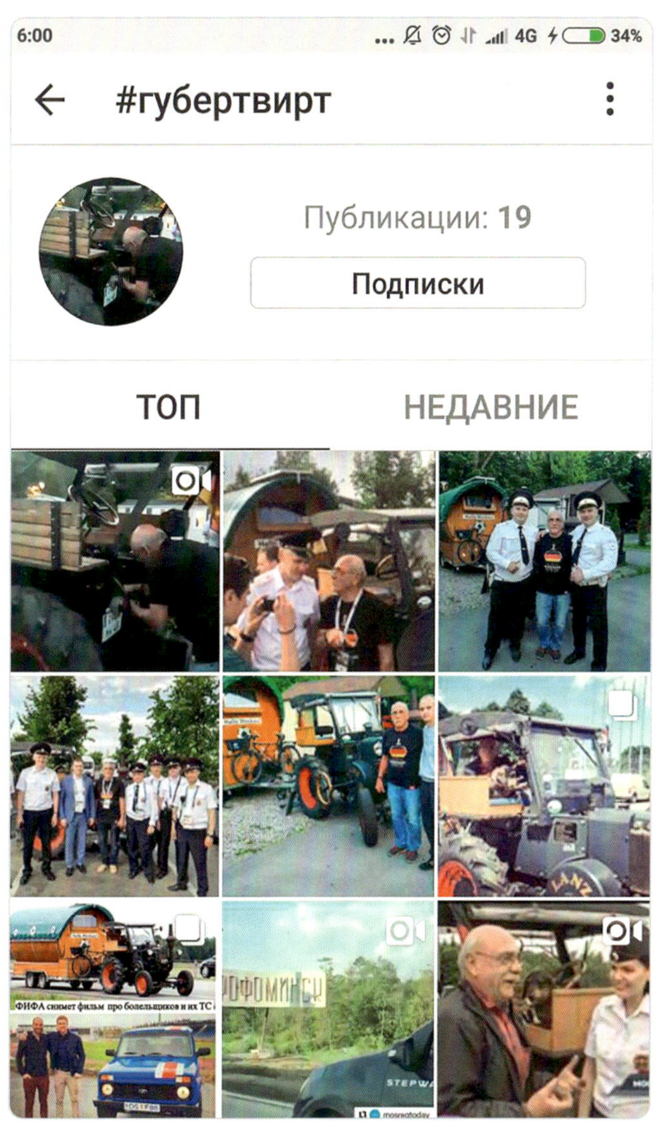

Schöne Augenblicke, festgehalten auf dem Smartphone.

„Mein Lanz-Weltbild besteht ganz und gar aus dem Glühkopf."

Opa Helmut – selbst bei Eis und Schnee war er mit dem Bulldog unterwegs, um die Milch von den Bauern abzuholen.

MARKO, DDR-BULLDOG-BEWAHRER AUS BRANDENBURG
Jahrgang 1978, wuchs im Bundesland Brandenburg auf, arbeitete als Diplom-Ingenieur für Daimler in Stuttgart sowie in den USA. Mittlerweile lebt er wieder in seiner alten Heimat, unter anderem mit den vier alten Bulldogs seines Großvaters – und als aktives Mitglied des Lanz Bulldog Clubs Lindena.

Eigentlich bin ich durch meinen Opa auf die Bulldogs gekommen. Er ist Jahrgang 1934 und wurde in Tschausdorf geboren, das gehört heute zu Polen. Er wurde von dort aber vertrieben und ist dann als Umsiedler in die Region Finsterwalde ins Bundesland Brandenburg gekommen. Dort hat er zunächst eine Tischlerlehre gemacht. Sein Lehrbetrieb war etwa 15 Kilometer von seinem Wohnort entfernt, und um dorthin zu gelangen, ist er oft mit dem Milchwagen mitgefahren. Da waren so knapp 180 Kannen auf der Ladefläche. Der Kutscher ist damit von Ort zu Ort gefahren, hat die Kannen von den Milchbänken der Bauern eingesammelt und zur Molkerei gebracht. Und diesen Milchwagen hat mein Opa als Mitfahrgelegenheit genutzt, wobei der Wagen später von einem Lanz gezogen wurde. Da war es um meinen Opa geschehen, er war von dem Lanz Bulldog, einem 20 PS Ackerluftbulldog D3506, fasziniert.

Nach der Tischlerlehre hat mein Opa bei diesem Speditionsunternehmen als Bulldog-Fahrer auf genau diesem Lanz angefangen. Er hat dort auch den Milchwagen gefahren und abends zusätzlich Ackerarbeiten durchgeführt, mit einem nach hinten umgedrehten Scheinwerfer für bessere Sicht. Er musste den Bulldog auch reparieren, denn es gab keine Werkstatt – das hat er von einem Lanz-Schlosser aus dem Nachbarort gelernt. Insgesamt ist mein Opa rund 85.000 Kilometer mit dem 20 PS starken Lanz gefahren, und das bei jedem Wetter. 1956 wechselte er dann zu einer anderen Spedition und war auch dort als Bulldog-Fahrer tätig.

1958 wurde mein Opa dann vom Staatsforstbetrieb in Finsterwalde als Traktorist eingestellt. Er hat dort später aber verschiedene Tätigkeiten ausgeführt, bis er als Spezialist für Spezialfahrzeuge eingeteilt wurde. Ich durfte ihn als Kind auf der Arbeit immer besuchen, er hat mich immer mitgenommen – und dadurch ist meine Liebe für Nutzfahrzeuge so stark entbrannt, dass ich heute damit auch beruflich zu tun habe. Ich bin ja schließlich zwischen IFA-Fahrzeugen wie W50 und L60, Fortschritt-Traktoren ZT, Belarus-Traktoren MTS und Holzrückemaschinen wie LKT groß geworden.

In der damaligen DDR herrschte Mangelwirtschaft, weswegen man sich gegenseitig unterstützt und versorgt hat. Und da man sich keine Traktoren kaufen konnte, wurden zahlreiche Eigenbauten und alte Traktoren – und eben auch der Lanz – repariert und wieder aufgebaut. Es gab ja keine neue Technik, deshalb landeten viele alte Fahrzeuge nicht beim Schrotthändler und haben überlebt. Und mein Opa hat sich dann im September 1966 das Fragment eines alten Lanz gekauft: Getriebe, Motor ohne Glühkopf, Bereifung und Aufbauten. Der Wasserkasten und der Tank haben gefehlt, genauso wie Verkleidungsteile.

	Eintragungen der Arbeitgeber	
	Name und Sitz des Betriebes	Art des Betriebes
1.	Werner Walther Fuhrunternehmen Deutsch-Sorno Kreis Finsterwalde	Fuhrbetrieb
2.	VEB Industriefedernfabrik Zweigbetrieb Drahtwerk Finsterwalde	
3.	Staatlicher Forstwirtschaftsbetrieb Finsterwalde in Doberlug-Kirchhain	
4.	Werner Walther Fuhrunternehmen Deutsch-Sorno Kreis Finsterwalde	Fuhrbetrieb
5.	Staatlicher Forstwirtschaftsbetrieb Finsterwalde in Doberlug-Kirchhain	

12

Eintragungen der Arbeitgeber		
Art der Beschäftigung	a) Tag des Beginns der Beschäftigung b) Unterschrift des Arbeitgebers c) Sichtvermerk der Abt. Arbeit und Berufsausbildung	a) Tag der Beendigung der Beschäftigung b) Unterschrift des Arbeitgebers c) Sichtvermerk der Abt. Arbeit und Berufsausbildung
Bulldog-Fahrer	a) 20.8.1956 b) Walther c)	a) 10.5.1958 b) Walther c)
Transporter	a) 12.5.1958 b) [illegible] c)	a) 4.12.58 b) i. A. Hermann c)
Traktorist	a) 8.12.58 b) [illegible] c)	a) 31.10.64 b) Hefenkorn c)
Kraftfahrer	a) 1.11.1964 b) Walther c)	a) 7.8.65 b) Walther c)
Forstarbeiter —II—	a) 10.8.65 b) Hefenkorn c)	a) b) c)

13

Im DDR-Arbeitsbuch wurde aus dem „Bulldog-Fahrer" erst später ein „Traktorist" – so änderte sich die Berufsbezeichnung in den 1950er Jahren.

Und dieses Fragment hat er langsam und sukzessive wieder aufgebaut – und sich damit einen Lanz geschaffen, der eigentlich eine Mischung ist aus einem 1940er-20-PS-Ackerluftbulldog D3506 und den Aufbauten wie Tank, Bodenplatte und Seitenblechen eines 25 PS starken D3506. Und der existiert noch heute – mittlerweile mit einer Hydraulikanlage eines Belarus MTS82 und einer entsprechenden Lichtmaschine. Außerdem hat sich mein Opa einen Pflug und passende Anhänger angeschafft und repariert.

Das war natürlich etwas ganz Besonderes, denn zu DDR-Zeiten sollte Privatbesitz ja vermieden werden. Da kam man an einen Traktor oder einen Lkw kaum dran, weil diese Fahrzeuge verstaatlicht in Betrieben liefen. Man konnte sie dort zum Allgemeinwohl zwar anmieten, diese Technik wurde jedoch so gut wie nie verkauft. Und wenn man ein Fragment haben wollte, musste man diverse Anträge stellen, die verschiedene Genehmigungsverfahren durchliefen. Und wenn man Glück hatte, erhielt man eine Schätzungsurkunde sowie ein Schreiben, dass dieses Fahrzeug keinen Wert mehr für den sozialistischen Staat darstellte. Nur dann durfte es privat gekauft werden. Und für diesen ersten speziellen Bulldog meines Opas habe ich noch alle Belege, die dokumentieren, was man als Privatperson alles unternehmen musste, um ein Fragment zu bekommen.

Mein Opa hat dann jedenfalls überall nach den erforderlichen Teilen herumgefragt, die ihm fehlten. Er hatte Glück, dass er Fuhrparkleiter des forstwirtschaftlichen Betriebs wurde. Denn in dieser Eigenschaft musste er sowieso viel herumfahren und hat dabei immer wieder mal einen Tipp bekommen, wo er ein Teil ergattern konnte. Oder er hat etwas im Vorbeifahren gesehen, denn viele der alten Bulldogs standen draußen, waren teilweise sogar eingewachsen – also, heute würde man so etwas als „Scheunenfunde" bezeichnen.

Der D3506 musste auf dem Acker arbeiten – und in der DDR puzzelte man alles zusammen, was zusammenpasste. Gut zu erkennen: die artfremde Hydraulikanlage.

Antragsteller Deutsch Sorno Kr. Finsterw.

Cottbus, den 1.2.1967
Wa/Ba

SCHÄTZUNGSURKUNDE

Nr. C 335/67
Gr.

Pol. Kennz. Baujahr 1940 Fabrikat Lanz
Aufbauart ohne Fahrerhaus Art Zugm. Type D 3506
Anzahl der Sitze 1 Türen – Fenster – Fahrgestell-Nr. 182
Ladefläche Motor-Nr. 182
Farbe grau Polsterung – Hubraum 4733 cm³; Leistung 20 PS
Bereifungsart Luft Reifenzahl – Otto, Diesel; 2 Takt; Zyl.-Zahl 1
Größe ----- Eigeng. 2150 *) kg; Nutzl. – *) kg
Erh.-Zustand --- % Kilometerstand –
Schätzwert --1.000.-- MDN
in Worten Eintausend.-- MDN

Der Schätzwert bezieht sich auf den Zustand des Fahrzeuges am 23.1. 1967

Mitgeschätzt --

Nicht mitgeschätzt --

Folgende Normal- und Zubehörteile fehlen: Zubehör.
vorhanden: Ackerschiene.

Besonderes (siehe auch umstehende Bemerkungen, Satz –)
Stillgelegt am 16.2.1965. Reifenwert nicht vorhanden.

Der Schätzwert des vorstehend gekennzeichneten Kraftfahrzeuges ist der gesetzlich zulässige Höchstpreis für den Verkauf von Verbraucher an Verbraucher ohne Berücksichtigung einer Handelsspanne (PA 422 v. 7. 7. 55, GBl T. I, S. 489).
Die Gültigkeitsdauer dieser Schätzungsurkunde beträgt vom Tage ihrer Ausstellung gerechnet einen Monat, falls Zustandsänderungen nicht eintreten. Diese Schätzungsurkunde ist dem Käufer auszuhändigen. Bei jeder Schätzung sind der Kraftfahrzeugbrief bzw. Anhängerbrief und die Urkunde der letzten Schätzung vorzulegen.

Gebühr 20.-- MDN
Quitt.-Nr. 4221
Tarif b

Der Schätzer für das Kraftfahrzeugwesen der Kraftfahrzeugtechnischen Anstalt

KTA Cottbus

*) Diese Angaben sind ohne Gewähr und werden bei der Zulassung des Fahrzeuges zum Verkehr jeweils festgesetzt.

Bestell-Nr. Kr. 401/0 --- VLV Berlin

Ag 300/KV 1718/65 3073 V 7 7 50,0 1165

1967 amtlich bescheinigt: Das Fragment des Lanz war fortan im Privatbesitz. Und endlich konnte mit der Restauration begonnen werden.

Und diesen ersten Lanz von meinem Opa gab es eben schon, als ich 1978 zur Welt kam. Wir haben noch Baby-Bilder von mir und dem Lanz – da hat meine Liebe zum Lanz also schon begonnen. Ich bin in diese Lanz-Welt quasi hineingeboren worden – und habe schon als kleiner Stöpke mit dem Opa den Lanz entdeckt, wie sich die Räder bewegen. Durch den 4,7 Liter Einzylinder ist der kleine Lanz bereits lebendig, auch wenn er nur auf der Stelle steht. Da möchte man als Kind das Lenkrad berühren, auf dem schaukelnden Fahrersitz herumturnen und so tun, als ob man schon fahren könnte. Der Lanz hat ja im Lenkrad noch so einen kleinen Drehknopf, damit der Traktorist das Hauptlenkrad beim Andrehen abziehen kann, ohne dass es sich in der Hand des Traktoristen weiterdreht – also dieser kleine Drehknopf war für mich als Kind immer mein Lenkrad. So bin ich halt aufgewachsen.

Ich habe als Kind in der Nähe meines Opas gewohnt und meiner Mutter ständig in den Ohren gelegen, dass ich zu ihm wollte. Und wenn ich dann mit dem Opa zusammen auf dem Traktor war, ging das so: Sobald wir von der Hauptstraße heruntergefahren sind Richtung Hof, bin ich vom Kindersitz auf seinen Schoß gerutscht und habe angefangen, zu lenken. Meine Beine waren noch viel zu kurz, um an die Pedale zu kommen – und die Kupplung war für mich viel zu schwer, um sie durchtreten zu können. Also habe ich, den Schwingsitzarm zwischen den Beinen, angefangen zu lenken, während der Opa Gas gegeben und geschaltet hat.

Auf dem Gut, auf dem meine Großeltern lebten, gab es außerdem einen Nussbaum. Und da hat mein Opa einmal den zweiten Gang eingelegt und mich allein – mit erhöhtem Standgas – um diesen Baum fahren lassen; gefühlt waren das mehrere Stunden. Irgendwann hatte ich aber keine Lust mehr, habe die Handbremse angezogen, bin abgestiegen und habe meinen Opa gesucht. Als ich ihn dann gefunden hatte, fragte er mich nur: „Wo ist denn der Lanz?" Wir sind dann schnell zum Bulldog zurückgelaufen – der stand da und sprang vom Vorwärts- in den Rückwärtslauf immer hin und her, konnte sich aber wegen der Handbremse nicht bewegen. Zum Glück ist nichts kaputt gegangen.

So bin ich jedenfalls Stück für Stück in die Materie hineingewachsen. Besonders am Wochenende war ich in der Landwirtschaft dabei oder bei Transportfahrten, wenn als Nachbarschaftshilfe Kies oder Kohlen gefahren wurden. Die Acker- und Zugmaschine war immer der Lanz. Ich war jedenfalls jede freie Minute mit meinem Opa zusammen – und habe alles von der Pike auf gelernt: die Bulldogs zerlegen, zusammenbauen und die Regler einstellen; die Glühnasen demontieren und reinigen. Seit meiner Kindheit habe ich am Lanz geschraubt.

Das Fragment als Grundgerüst, aus dem Opa Helmut einen funktionstüchtigen Lanz aufbaute.

Und dann hat sich mein Opa – noch vor dem Mauerfall – einen weiteren 20 PS starken D3506 Lanz Glühkopf angeschafft, und genau zur Wende erwarb er zusätzlich einen D8506 Lanz mit 38 PS. Der hatte zuvor aber auf so schwerem Lehmboden gearbeitet, dass er völlig zerschlissen war. Er lief zwar noch, hatte aber überhaupt keine Leistung mehr – der war

Das Lanz-Fieber hat Marko schon mit knapp zwei Jahren fest im Griff. Hier passt die Oma auf den jungen Traktoristen auf.

absolut fertig. Und es hat zehn Jahre gedauert, ihn wieder aufzubauen. Aber das war nur ein Hobby nebenbei. 1989 hatte mein Opa dann jedenfalls insgesamt vier Lanz, wobei der vierte ein Bulldog D7506 HN3 von 1937 war, original mit Muschelkotflügeln und Zigarrenauspuff – ein echtes Prachtstück.

Man konnte eben während der DDR-Zeit an mehr Bulldogs kommen als heute, die Traktoren standen überall herum. Denn die meisten Leute hatten damals weder Ersatzteile noch das nötige Fachwissen oder einfach keine Lust, sich um diese Traktoren zu kümmern. So standen sie einfach herum und vergammelten. Die Leute kamen nicht auf den Gedanken, Traktoren zu sammeln und zu bewahren. Hätten wir dieses Wissen schon 20 Jahre vor dem Mauerfall gehabt, dann hätten wir noch viel mehr Exponate haben können, die wir dann aber wahrscheinlich gar nicht hätten unterbringen können.

Kurz nach der Wende kamen dann solvente nationale und internationale Sammler, haben den Osten nach Bulldogs abgegrast und viele Schlepper aufgekauft und mitgenommen. Die Besitzer haben sich gefreut, dass sie für ihren alten Schlepper noch Geld bekamen oder gegen einen Trecker aus dem Westen eintauschen konnten. Sie haben ja nicht gewusst, dass die alten Lanz wertvoll sind. Hätte es entsprechende Vereine gegeben, dann hätten die sie vielleicht retten können – aber die waren auch verboten. Ob Taubenzüchter-Verein oder Motorsport-Verein, alles wurde vom Staat verboten. Es sollte eben kein Vereinsleben geben, jeder sollte anonym leben.

Aber 1988, noch vor der Wende, konnte in unserer Region endlich ein erstes Lanz-Bulldog-Treffen organisiert werden. Mit Unterstützung von einem Lanz-Club in Bayern wurde später sogar eine Vereinsgründung beantragt. Die wurde von den Behörden in der DDR zunächst immer abgelehnt mit der Begründung „es wäre eine Zusammenrottung gegen den Staat“. Aber 1989 ist es dann doch gelungen, den „Lanz-Bulldog-Club-MC Lindena e.V.“ zu gründen, wobei mein Opa zum Gründungsvorstand gehörte und Schatzmeister wurde. Und das war – neben den „Lanz-Freunden Sachsen“ und den „Lanz-Freunden Schleizer Dreieck“ der dritte Lanz-Club in der DDR überhaupt.

Die Lanz von meinem Opa gibt es jedenfalls bis heute – sie wurden über all die Jahre und Jahrzehnte nicht weggegeben, zumal jeder davon seine eigene Geschichte und auch sein eigenes Tätigkeitsfeld hat. Und auch mein Lanz-Weltbild besteht ganz und gar aus dem Glühkopf, eben weil zu DDR-Zeiten keine neuere Westtechnologie eingeführt werden durfte. So blieben wir auf dem Stand der Glühkopf-Bulldogs stehen. Ich sehe die Blech-Bulldogs keineswegs als minderwertig an – aber der Glühkopf ist eben mein Bulldog. Auf Lanz-Treffen werden wir heute oft darauf angesprochen, dass unser erster Bulldog ja nicht original sei – aber für mich ist es genau der Originalzustand: So bin ich mit dem Lanz groß geworden, bis ich selbst fahren konnte. Und das war dann natürlich das Größte, mit dem frisch ausgestellten Führerschein selber durch den Ort zu fahren, Arbeiten zu übernehmen und ein paar Rubel dazuzuverdienen. Später war ich damit in der Schule, wir haben Umzüge begleitet, ich bin auf dem Bull-

Marko mit dem D7506 auf einem Bulldog-Treffen in Lindenau.

Der zweite Lanz, der noch zu DDR-Zeiten von Opa Helmut erworben wurde. Auf dem Fahrersitz sitzt allerdings schon die dritte Generation.

dog sogar den Abi-Abschluss-Umzug gefahren und war auch auf Dorffesten – dieser Lanz ist einfach ein Bestandteil unserer ganzen Familie und das bis heute. Und nun sind meine Kinder mittlerweile auch schon alt genug, dass sie – wie ich damals – auf dem Lanz mitfahren können. Meine ältere Tochter stellte zwar schon mal eine kritische Frage zur Umweltverträglichkeit – aber ich denke mir, die nächste Lanz-Generation steht schon in den Startlöchern.

Bei Treckertreffen wird man als Lanz-Fahrer allerdings von einigen in die Ecke der Reichen oder Vermögenden gestellt. Aber das stimmt ja so nicht unbedingt. Denn zum einen ist die Unterhaltung kostenintensiv, zum anderen haben viele die Bulldogs eben von den Großeltern oder Eltern bekommen. Und solange sie den Lanz haben, sind sie ja nicht vermögend – das wäre man erst, nachdem man ihn verkauft hätte. Häufig sind die anderen auch neidisch, und das ist schade, weil sich dadurch Berührungsängste aufbauen. Meist ändert sich das, wenn man die eigenen Hintergründe erzählt und zu verstehen gibt, dass man die Geschichte des Lanz und vor allem jede Schraube und jedes technische Problem kennt. Und wenn ich dann noch Fotos dazu zeige, wie alles auf diesen Bulldog und auf die Hydraulik vom Belarus angepasst war, dann haben die Technikbegeisterten auch Verständnis. Dann wird klar, wer ein echter Lanz-Liebhaber ist und wer seinen Lanz nur als Prestige-Objekt gekauft hat. Das merkt man übrigens schon beim Starten und wie jemand den Lanz fährt.

Für mich sind die spannendsten Bulldogs auf diesen Treffen jedenfalls diejenigen, die eine Geschichte zu erzählen haben. Die nicht zu Tode gespachtelt oder so verchromt sind, wie sie niemals aus dem Werk gekommen wären. Besonders gut finde ich alte Bulldogs, an deren Seite beispielsweise noch ein alter Strick hängt. Da fragt man sich: Wozu hängt dieser Strick denn da? Oder es ist noch eine Winde dran, um den Bulldog selbst aus dem Sand herauszuziehen. Oder es gibt noch einen Halter für einen Spaten oder eine Forke – eben irgendwelche Dinge, die an der Ackerschiene angeschweißt wurden. So etwas ist doch viel schöner als ein aalglatter Lanz. Jedenfalls sind für mich die ursprünglichen Bulldogs mit eigener Geschichte wichtig – so wie meiner, der eben umgebaut wurde mit Hydraulik und so weiter, damit er im Alltag funktionsfähig wurde.

Trotzdem: Ich hatte so schöne Erlebnisse mit dem Lanz und so viel Zuspruch von Fremden auf den Fahrten – ich werde die Bulldogs von meinem Opa nicht verkaufen, keinen von ihnen gebe ich her. Ich

Die gesammelten Schätze, von denen jeder seine ganz eigene Geschichte hat. Verkaufen? Niemals!

Kein Prestigeobjekt, aber ein Meisterwerk des Erfindungsreichtums: der „Erzähl-Bulldog“ mit dem selbstrestaurierten Zweischar-Pflug.

war mit dem Lanz sogar mal in Berlin. Da gab es nämlich die „Lanz-Freunde Lüdersdorf“, die eine Sternfahrt quer durch die Hauptstadt organisiert hatten – und daran habe ich teilgenommen. Am Vortag bin ich erst mal mit einem Freund per Achse von Finsterwalde nach Lüdersdorf gefahren. Wir hatten unterwegs allerdings einige Probleme; mir drohte immer der Kolbenbolzen festzugehen, und wir mussten dauernd anhalten, weil auch die Lager der Lüfterwelle nicht in Ordnung waren. Aber der Opa war mit einem Service-Pkw immer zur Stelle. Wir sind dann zwar erst eine Stunde vor Mitternacht angekommen, aber trotz der Schwierigkeiten war diese Anreise sehr schön. Immer wieder haben uns Leute angehalten, wollten alles über die Schlepper wissen, haben selbst von früher erzählt, uns zu Kaffee und Kuchen eingeladen – und einige Freudentränen sind auch geflossen.

Am folgenden Tag sind wir dann zu der Sternfahrt durch Berlin aufgebrochen. Ich war mit meinem Lanz direkt vor der Siegessäule und dem Brandenburger Tor. Viele Berliner waren von den Bulldogs ganz begeistert, die da durch die Straßen rollten. Auf dem Rückweg ist mir dann leider tatsächlich der Kolbenbolzen festgegangen. Ich habe den Anhänger daraufhin abgekuppelt – darauf stand ja unser erster Lanz mit der Hydraulik – und dann haben wir den großen Lanz auf den Hänger getan und ich bin mit dem kleinen 20 PS Lanz zurück nach Finsterwalde gefahren. Dennoch – das war eine tolle Tour. Überhaupt ist das so: Wenn ich mit dem Lanz fahre, ist das eine wohltuende Entschleunigung. Man konzentriert sich bei der Geschwindigkeit von 27 Stundenkilometern eben auf das Wesentliche: auf den Schlepper, die Landschaft, die Leute. Außerdem bedeutet der Lanz für mich Erfüllung, Vibration und Sound. Dieser Klang eines Glühkopfes ist für mich regelrecht Musik. Wenn der Lanz einen guten Leerlauf hat, dann ist der Sound so voluminös, so basslastig, so stark – das gibt es kein zweites Mal!

Der Grund dafür, dass mein Fokus auf Glühkopf-Bulldogs liegt, ist vermutlich auch der Tatsache geschuldet, dass am 7. Oktober 1949 die DDR gegründet wurde und die Bestandsbulldogs immer und immer wieder aufgearbeitet werden mussten, während Nachfolgemodelle und Neuentwicklungen von Lanz die DDR nicht mehr erreichten. Für diese „DDR Lanz Bulldogs“ und den Erhalt unseres Clubs, mit dem sich die Gründungsväter quasi ein Stück Freiheit erstritten haben, will ich mich einsetzen. Sie haben es geschafft, trotz aller staatlichen Verbote den Lanz Bulldog, alte Gebräuche und alte Landtechnik zu erhalten. Ihnen gebührt größte Wertschätzung – das finde ich sehr wichtig.

Ein nachgestelltes Bild: Genau an dieser Stelle wurde Marko vor 41 Jahren von der Lanz-Liebe erfasst. Vieles hat sich in der Zwischenzeit verändert, doch der Lanz ist geblieben – und bleibt für immer.

Schmuckstücke einer jeden Ausstellung: die Eiler.

„Wo kriegst du jetzt die Ersatzteile her?“

PETER, EHEMALIGER MESSE-MACHER AUS SCHLESWIG-HOLSTEIN
Jahrgang 1947, gebürtiger Dithmarscher, lebt seit mehr als 50 Jahren in der Nähe von Preetz an der Ostsee in Schleswig-Holstein. Hat Hotelkaufmann gelernt, war anschließend in der Touristikbranche tätig.

Meine Eltern hatten einen Bauernhof und einen alten Fendt. Aber wenn Erntezeit war, dann kam ein lauter Bulldog vom Lohndrescher zu uns auf den Hof – und der hat mich schon fasziniert, als ich so fünf oder sechs Jahre alt war. Wie ich später erfuhr, war das damals ein Eilbulldog – dem hatte man das Führerhaus abgeschnitten und die Kotflügel heruntergenommen, um den Lanz für die Drescheinsätze optimal anzupassen. Mich hat an diesem Bulldog alles fasziniert: der Geruch, das Schmieröl, verbunden mit dem Staub vom Dreschen – und diese enorme Geräuschkulisse. Also alles, was Jungs so lieben. Als ich erwachsen wurde, hatte ich aber lange Jahre nichts mehr mit dem Lanz zu tun – da ging es bei mir um Sachen wie Ausbildung, Berufstätigkeit und Familiengründung. Doch irgendwann – das muss 1975 gewesen sein – stand ich mal zwischen Kiel und Eckernförde unterwegs im Stau. Da stieg mir plötzlich so ein bestimmter Geruch in die Nase und ich dachte mir: „Aha, ein 38er Eilbulldog in Aktion." Und genau so war es dann auch. Dieser Eilbulldog hatte zwei Packwagen – das waren Jahrmarktsbestücker – und ich musste dem eine Zeit lang hinterherfahren. Da hat es bei mir „Klick" gemacht und ich habe gedacht: „Jetzt willst du so ein Ding haben." Als Kind und Jugendlicher war das für mich ja nicht möglich – aber in dieser Situation ist die Entscheidung dann endgültig gefallen.

Es hat dann aber noch fast eineinhalb Jahre gedauert, bis ich eine Kleinanzeige aufgegeben habe in einem kleinen Blättchen vor Ort: „Bulldog gesucht". Daraufhin meldete sich auch jemand, und darüber lernte ich einen uralten Bulldog-Schrauber kennen. Das war Jochen Gandesberger, der leider nicht mehr lebt. Aber das war der Schrauber vor dem Herrn – und durch ihn habe ich dann meinen ersten Bulldog bekommen: einen fahrfähigen 20 PS Allzweck von 1955, das war einer der letzten Glühköpfe, die überhaupt gebaut wurden. Und das war mein Lehrstück, mit dem habe ich gelernt, einen Bulldog zu handhaben: hier schmieren, da abschrauben – und natürlich alles „Learning by Doing", denn beruflich hatte ich damit ja nichts zu tun. Aber der Jochen Gandesberger, der hat mich angeleitet – und dementsprechend habe ich dann später auch einen Bulldog fast eigenhändig restauriert.

Dann kam ich das erste Mal zum Bulldog-Treffen nach Brokstedt. Da lernt man andere Leute kennen, und ich wollte zu der Zeit gern einen größeren Bulldog haben – und zwar so einen, den ich in meiner Kindheit auf dem Hof meiner Eltern erlebt hatte. Auf dem Treffen in Brokstedt habe ich dann erfahren, dass genau dieser Treckertyp in Dithmarschen stehen soll, zusammengefallen in einem Stall. Das war dann mein Ding. Im Endeffekt hat es aber noch lange gedauert, bis ich den Bulldog-Besitzer endlich besuchen konnte – denn das war ein Schausteller, und der war nur zur Weihnachtszeit bei sich zu Hause. Und als ich dort endlich den Bulldog anschauen konnte – das war so 1979 – da kannte ich ihn schon. Das war nämlich exakt der 38er Eilbulldog, dem ich damals auf der Straße zwischen Kiel und Eckernförde begegnet war. Dann hat es nochmal ein Jahr gedauert, bis ich diesen Bulldog erwerben konnte, und anschließend habe ich ihn eineinhalb Jahre lang restauriert – soweit ich es eben konnte. So bin ich also auf den großen Bulldog gekommen, mit dem ich auch etliche Jahre nach Brokstedt gefahren bin.

GROSSE TRECKERTREFFEN MIT KULTSTATUS

BROKSTEDT

Als das nördlichste und eines der bundesweit größten Trecker-Events gilt das Lanz-Bulldog-Treffen im schleswig-holsteinischen Brokstedt – immerhin werden hier Schlepper unterschiedlichster Hersteller und Epochen präsentiert, die ganz nebenbei auch einen hautnahen Einblick in die Entwicklung der Landwirtschaft vermitteln. Jedes Jahr reisen deshalb pünktlich zum Himmelfahrtstag Schlepper-Besitzer und Trecker-Fans aus ganz Deutschland an – auf der Veranstaltung 2019 sollen insgesamt mehr als 30.000 Besucher und Teilnehmer gezählt worden sein. Organisiert wird das Brokstedt-Treffen, das 2019 bereits zum 38. Mal stattfand, vom Lanz Bulldog-Club Holstein, einem der ältesten Oldtimerclubs Deutschlands.

Weitere Infos: www.lbch.de

Später habe ich diesen Bulldog dann verkauft, habe dafür einen 30er Eilbulldog gekauft und auch den wieder verkauft – da hatte ich also nur noch meinen ersten 20er Glühkopf. Und dann habe ich zufällig einen ehemaligen Lohndrescher kennengelernt, der hatte auf einem großen Grundstück mit Werkstatt und Nissenhütte Gerätschaften aus dem Ersten und Zweiten Weltkrieg stehen, das war unglaublich. Und natürlich gab es dort auch Bulldogs – unter anderem auch drei 12er Motoren mit der durchgewachsenen Birke aus der ersten Bauserie sowie ein Fahrgestell des 12ers, das einen Eigenbau-Kran mit einer sogenannten „Blutblase“ hatte, also mit einem DKW-Motor drauf. Und dieses Fahrgestell habe ich später zusammen mit den drei Motoren tatsächlich bekommen, das war 1986. Aus diesen Raritäten wollte ich dann den Bulldog zusammenbauen. Ich war schon immer jemand, der wieder etwas zusammengebaut hat – das war immer so mein Lebensmotto gewesen: „Das Neue wollen – und das Alte erhalten“. Ich habe gleich den Kran von dem 12er Fahrgestell abgebaut, und dann konnte ich feststellen, was mir da alles fehlte – und im Grunde fehlte die Hälfte.

Da tauchte dann schnell die Frage auf: „Wo kriegst du jetzt die Ersatzteile her?“ Die ersten Teile, die ich in der Nachfertigung kaufte, waren zwei Abdeckungen für das 12er Laufwerk. Aber andere Teile habe ich nirgendwo bekommen können. Dann wurde ich

1987 eingeladen zum ersten ostdeutschen Bulldog-Treffen in Leipzig. Da lernte ich wieder einige Leute kennen und bekam einige Teile, die ich für den Bulldog brauchte. Aber es fehlten immer noch ganz bestimmte Dinge. Und etwa zehn Jahre später hatte ich dann die Idee, ein paar Leute zusammenzutrommeln und eine „Tauschbörse“ zu organisieren. Ich war ja Gründungsmitglied des Bulldog-Clubs Holstein und hatte dementsprechend auch Unterstützung – und so entstand 1996 die erste Bulldog-Messe in Rendsburg im sogenannten „Bullentempel“ – das war eine ehemalige Viehauktionshalle. Der Name unserer Veranstaltung war übrigens deshalb „Bulldog-Messe“, weil in Süddeutschland selbst ein Fendt als „Bulldog“ bezeichnet wird. Die Messe drehte sich aber nicht nur um den historischen Traktor und die historische Landmaschine – es ging auch um Dampfmaschinen. Also quasi eine Veranstaltung rund um historisches altes Eisen aus der Landwirtschaft.

Schon beim ersten Mal hatte ich 55 Aussteller und war damit ausgebucht. Wir hatten auf der ersten Messe auch eine Vorführung mit den ältesten zehn Bulldogs, die wir finden konnten – das war ein voller Erfolg. So ging das dann immer weiter – jedes Jahr Anfang März gab es diese Messe. Ich habe die Messe zusammen mit meiner Frau veranstaltet, gleichzeitig aber weiterhin in der Touristikbranche gearbeitet. Die Messe wurde dann ziemlich schnell europaweit

Fertig ist er geworden – und dann brachte die Restaurierung des HL12 Peter auf eine Idee.

© Reinhard Robert

Ein Muss für Bulldog-Liebhaber: Auf der Alsfeld-Messe gibt es alles, was das Lanz-Herz begehrt. Und im Gegensatz zum Internet kann man hier alles anfassen und auch noch fachsimpeln.

bekannt, doch irgendwann waren die Ausstellungsräumlichkeiten einfach zu klein. Daraufhin habe ich mir überlegt, wo man so eine Veranstaltung möglichst zentral weiterführen könnte – und so kam ich dann auf die Viehvermarktungshalle in Alsfeld, zumal das mitten in Deutschland liegt und eine gute Autobahnanbindung vorhanden ist.

So habe ich 1999 die erste Messe in Alsfeld veranstaltet. Und was da abging, war kaum zu glauben. Da kam zum Beispiel ein Mensch aus der Schweiz mit einem 190er Mercedes Diesel und kaufte Radgewichte für einen Schlüter-Schlepper. Die kann man normalerweise ja nur auf einem Anhänger transportieren, aber der Schweizer verstaute die unterm Sitz, vorne am Beifahrersitz, klappte hinten den Sitz weg und steckte sie da hinein, und dann ist er damit nach Hause gefahren – das Auto lag vermutlich nur noch auf den Federn.

In Alsfeld war der Zulauf jedenfalls noch stärker. Und 2019 fand die größte Veranstaltung überhaupt statt, da haben wir vier Hallen mit mehr als 150 Ausstellern belegt und hatten pro Tag bis zu 7.000 Besucher. Die kamen aus aller Welt – sogar aus Australien. Wir hatten auch eine Besuchergruppe, die kam mit einem Sonderzug aus Rom. Außerdem gab es eine Busgesellschaft mit drei Doppelstockbussen aus Paris. Und in Irland wurde für den Messetermin von einem Iren extra eine Deutschland-Tour organisiert. Die Gruppe flog nach Frankfurt, kam dann mit Leihwagen zur Messe, kaufte ihre Teile und hatte zur Messe gleichzeitig einen Container bestellt. Der wurde mit den Teilen bestückt, fuhr nach Holland und ging dann ab aufs Schiff. Wirklich unglaublich!

Offenbar ein Männerparadies!

Die Aussteller auf der Messe waren durchweg Firmen, die sich darauf spezialisiert hatten, Ersatzteile für einen historischen Traktor zu produzieren. Dazu kam der gesamte Fanartikel-Bereich – von der „Fendt“-Mütze bis hin zur bedruckten „Hanomag“-Unterhose, es gibt ja einfach alles. Die Ausstellerfirmen kamen hauptsächlich aus Deutschland, aber auch aus dem europäischen Ausland wie Skandinavien, Holland, Belgien, Österreich und Polen. Die handeln eben mit Ersatzteilen für historische Landmaschinen. Manche von ihnen haben sich aber auch noch genauer spezialisiert – wir hatten da beispielsweise immer einen Aussteller, der nur mit Dichtungen und Federn gehandelt hat, den „Gummi-Dieter". Der stand immer in Halle 2, im ersten Gang links – und den kannte auch jeder.

Viele Besucher interessierten sich hauptsächlich für all das, was man braucht, um einen historischen Traktor wieder zum Laufen zu bringen. Und so war das eben auch bei den Bulldog-Besitzern. Das kleinste Teil, was da für den Lanz infrage kam, war eine kleine Feder, ähnlich wie in einem Kugelschreiber. Die wird gebraucht für das Pumpengehäuse eines Bulldogs. Da sitzen nämlich Ventile drin, ein Druck- sowie ein Saugventil, die durch diese Federn gegeneinandergehalten werden. Das ist das kleinste Teil am Bulldog – und wurde auf der Messe auch entsprechend nachgefragt. Und das schwerste Teil ist natürlich ein komplettes Getriebe, neu aufgebaut, mit einem Gewicht von rund 1,8 Tonnen – und auch das gab es auf der Messe. Also, die Bandbreite an Ersatzteilen war immer enorm groß. Die Lanz-Liebhaber haben eben am meisten Gussteile gekauft, Reproduktionen von Gussteilen: Kolben, Zylinder, Radgewichte – was auch immer. Da wurden auch komplette Getriebe von mehr als einer Tonne aus der Halle geschleppt – die Hausmeisterei der Hessenhalle in Alsfeld war natürlich immer mit vor Ort, samt Paletten und Gabelstapler, und dann hieß es: alles rauf auf den Lkw und Tschüss.

Für mich bestand der Reiz der Messe vor allem darin, viele unterschiedliche Menschen kennenzulernen. Es gibt ungemein viel positive und nette Leute, aber natürlich auch ganz andere – wir haben da auch mal Prügeleien, Bedrohungen und Hausverbote erlebt. Es gab im Lauf der Jahre auch zwei Aussteller, die während der Messe verstorben

GROSSE TRECKERTREFFEN MIT KULTSTATUS
SACHSEN

Im ostdeutschen Sachsen heißt es alle zwei Jahre „Bulldog, Dampf und Diesel": Die Veranstaltung auf dem agra-Gelände in Leipzig zählt ebenso zu den größten Oldtimer- und Landmaschinen-Treffen Deutschlands – mit Ausstellern aus Österreich, der Schweiz, Frankreich und Belgien. Bis zu 1.000 historische Traktoren und Landmaschinen sind dort zu bestaunen; Vorführungen und ein Teilemarkt runden das Programm ab. Das Treckertreffen wird vom Verein „Lanzfreunde Sachsen" durchgeführt, der 2019 auch eine Sonderausstellung von Lanz Bulldogs mit Eisen- und Vollgummirädern präsentierte.

Weitere Infos: www.lanzfreunde-sachsen.de

Und wenn es in der Halle keinen Platz mehr gab – wofür ist denn der Parkplatz da!

sind – also da konnte man schon viel erleben. Aber alles in allem war diese Messe schon etwas Fantastisches, eben auch weil die Resonanz so groß und positiv war. Viele Menschen sind von der Veranstaltung glücklich nach Hause gefahren; es sind sogar Leute zu mir gekommen und haben sich bedankt. Ich habe die Messe 25 Jahre lang neben meiner eigentlichen Berufstätigkeit durchgeführt, aber 2019 habe ich dann einen Schlussstrich für mich gezogen. Ich habe allerdings einen sehr guten Nachfolger gefunden, und die Messe in Alsfeld wird weitergehen.

Jetzt habe ich selbst noch drei Bulldogs, das sind alles Glühköpfe aus der ersten Bauserie: zwei 12er und einen 1530er, Baujahr 1921 beziehungsweise 1929. Ich finde, ein Blechbulldog ist ein Blechbulldog – und ein echter Bulldog ist ein Glühkopf. Das soll nicht abwertend sein – aber so sehe ich das. Wobei ein Glühkopf natürlich auch umständlich ist, dafür muss man schon ein bisschen was tun, und vor allem muss man sich gut auskennen. Da kann man nicht einfach herangehen und sagen: „Da halt ich jetzt mal die Heizlampe drunter und zieh das Lenkrad ab.“ Sondern man muss schon ein Gefühl für das Fahrzeug entwickeln. Früher sind beim Anwerfen mit dem Lenkrad ja auch Menschen zu Tode gekommen, insofern muss man schon Ahnung haben und verstehen, wie viel Drehzahl der Bulldog haben muss, bis man das Lenkrad herausnehmen kann – das muss man lernen! Überhaupt geht es beim Lanz nicht darum, ob Schrauben Spaß macht oder ein notwendiges Übel ist: Wer am Bulldog nie geschraubt hat und nur damit fährt, der hat sich nicht wirklich mit dem Lanz auseinandergesetzt. Ich muss dieses Fahrzeug und seine Funktionsweise kennen, und ich muss in der Lage sein, den Zylinderkopf auf der Straße abzuschrauben – das nützt ja nun nichts, wenn da mal irgendetwas quer liegt.

Übrigens – ob Pampa oder Ursus, die Nachbauten vom Lanz finde ich toll. Ihre Existenz ist doch im Grunde genommen eine Wertschätzung des Bulldogs. Die Animositäten gegenüber den Nachbauten sind in meinen Augen vollkommener Quatsch, denn sie haben alle ihre Berechtigung, wenn man sich ihre Geschichte mal anschaut. Sie sind ja entweder während des Zweiten Weltkrieges oder kurz danach entstanden, zum Teil auch mit Lizenz von Lanz. Sie haben jedenfalls absolut ihre Existenzberechtigung – zum Teil sind sie sogar weiterentwickelt worden.

GROSSE TRECKERTREFFEN MIT KULTSTATUS

NORDHORN

Auch unweit der Grenze zu den Niederlanden sind alte Schlepper und Landmaschinen zu bestaunen: der „Historische Feldtag“ in Nordhorn findet alljährlich im August statt und gehört bundesweit ebenso zu den größten Trecker-Veranstaltungen – zumal auch er für seine vielfältigen Vorführungen und Aktionen bekannt ist. Und so zieht es Tausende Liebhaber von Oldtimer-Traktoren in den äußersten Südwesten Niedersachsens: zur Jubiläumsveranstaltung im Jahr 2017, dem immerhin 25. „Historischen Feldtag“, sollen es allein rund 30.000 Besucher gewesen sein, die auf der 17 Hektar großen Ausstellungs- und Aktionsfläche mit rund 1.800 Ausstellern und etwa 2.500 Maschinen ein riesiges Schlepper-Fest gefeiert haben. Die Veranstaltung wird vom Verein „Treckerclub Nordhorn e. V.“ durchgeführt, der es sich zur Aufgabe gemacht hat, historisch wertvolle landwirtschaftliche Maschinen und Geräte zu erhalten.

Weitere Infos: www.treckerclub.de

Im Laufe der Zeit habe ich natürlich immer wieder gehört, ich sei nicht mehr ganz normal mit meinen Bulldogs – das geht dann immer so lange, bis man den Betreffenden fragt, ob er mal damit fahren möchte. Und dann kommt meist der Aha-Effekt – oder es passiert das Gegenteil. Also, entweder man mag den Lanz – oder eben auch nicht. Zu Treckertreffen bin ich übrigens auch immer wieder gefahren, da habe ich meistens den 12er Glühkopf auf einen Trailer aufgeladen und bin damit auch mal bis nach Stuttgart gefahren. Auf den Veranstaltungen gibt es immer viele Leute, die sich die stehende oder auch laufende Maschine genauer anschauen und erklären lassen wollen. Für mich war das früher natürlich auch Werbung für meine Messe, das muss ich dazu sagen.

Es gibt einen schönen Ausspruch vom Bulldog-Konstrukteur Dr. Huber: „Der Bulldog kann nicht einzylindrig genug sein!" Und so ist es letztlich auch. Die Einfachheit der Maschine ist einfach fantastisch – auch wenn das Pleuellager klappert und Lärm macht, den Bulldog kriegt man meistens zum Laufen. Wobei der echte Lanz für mich der 1530er ist, der funktionsmäßig keine Verdampfungskühlung hat und – wie eben ein richtiger Traktor – nicht mehr mit Wasser nachgefüllt werden muss, sondern mit Thermosyphon-Umlaufkühlung läuft. Mit dem kannst du fahren, fahren, fahren, Stunde um Stunde – das ist für mich der erste funktionsmäßige Bulldog im Alltagsbetrieb. Der ist ab 1929 gebaut worden – und die ersten 500 Fahrzeuge dieser Bauserie sind von Lanz nach Australien geliefert worden, weil dort in der Wärme diese Thermosyphon-Kühlung gut funktionierte. Und die ganzen Verdampfer-Bulldogs, das sind die sogenannten Groß-Bulldogs, mit denen war es eben immer schwierig, weil ständig Wasser nachgefüllt werden musste.

Nach 23 Jahren war für Peter Schluss mit der Messe. Die hat er immer mit viel Herzblut veranstaltet – aber irgendwann ist auch mal gut.

Auch heute noch zieht es Peter auf Treckertreffen. Hier mit dem Nachbau eines HL 15 Lanz-Motor-Lokomobils.

So oder so – die Herausforderung beim Lanz ist natürlich die, dass da irgendwann mal die Technik stehen geblieben ist und es eben keine Weiterentwicklung gab. Damit war der Bulldog ins Hintertreffen geraten, selbst der Blechbulldog. Die anderen Trecker waren irgendwann einfach schneller in der Entwicklung – zum Beispiel mit den Vierzylinder-Motoren. Aber als der Lanz konstruiert wurde und auf den Markt kam, da war er ein Novum. Er war der erste funktionsfähige Diesel-Glühkopfmotor in Europa, der sich selbst fortbewegen konnte. Das muss man ja ganz klar sagen: Es gab zu der Zeit schon in Schweden, in Österreich und anderswo Glühkopfmotoren – aber nicht auf einem

Der HL 12 bewies 1924 auf der legendären Nonstop-Fahrt zwischen Mannheim und Berlin, dass der fahrbare Glühkopfmotor wirtschaftlich rentabel ist – und als echter Schlepper gelten darf. Die Fahrt dauerte 396 Stunden – ohne eine Panne!

montierten Fahrgestell. Auch deshalb ist der Bulldog ein Stück deutsches Kulturgut, und dieses Kulturgut ist in die ganze Welt gegangen. Schließlich sind mit dem Lanz landwirtschaftliche Kultivierungsarbeiten in ganz Europa, aber auch im Osten durchgeführt worden – zum Beispiel in Russland. Da sind die Bulldogs Tag und Nacht gelaufen, dazu waren sie in der Lage, mit diesen neuen Kühlern ab dem 1530er. Insofern war der Lanz – und das meine ich absolut positiv – eigentlich immer ein stinkendes Ungetüm, mit dem man die Welt verändern konnte.

GROSSE TRECKERTREFFEN MIT KULTSTATUS

BACKSBERG

Im nördlichen Niedersachsen gibt es alle zwei Jahre auch ein legendäres Schlepper-Event: das Bulldog-Treffen auf dem „Backsberg" in Oyten im Landkreis Verden. Das Pfingst-Treffen zieht Tausende Besucher an, die von den Bulldogs jedes Mal aufs Neue fasziniert sind und sich gleichzeitig über die alte Technik informieren wollen. Und das ist ganz im Sinne des „Lanz-Bulldog-Club Oyten-Backsberg e. V.", der diese alte Technik erhalten und weitergeben will.

Weitere Infos: www.lanz-bulldog-club.de

Das Lanz-Bulldog-Treffen in der Nähe von Bremen findet alle zwei Jahre statt – und gehört mittlerweile zu den größten Lanz-Veranstaltungen in Europa.

„Jedes Fahrzeug hat irgendwie eine Seele – und die vom Bulldog ist schon richtig alt!“

ANDY, SCHRAUBER & SAMMLER AUS NIEDERSACHSEN
Jahrgang 1972, nach der Ausbildung zum Sanitär- und Elektroinstallateur in einer Automobilzulieferfirma tätig, wohnt im niedersächsischen Oyten und ist Mitglied sowie Pressesprecher im Lanz-Bulldog-Club Oyten-Backsberg e.V.

Aufgewachsen bin ich auf dem Nebenerwerbshof meiner Eltern mit acht Hektar Land. Dort gab es vor allem Oldtimer-Trecker, und so bin ich schon von klein auf sozusagen auf den Trecker gekommen. In meiner Jugend war ich dann richtig Trecker-verliebt und hatte bereits zwei Fahr-Schlepper. Der Erste war ein D88 mit 13 PS, mit dem ich 1987 auch das erste Mal zu einem Treckertreffen gefahren bin – das war zum Backsberg in Oyten. Da haben mich die Bulldogs zwar interessiert, aber eigentlich wollte ich bei Fahr bleiben. Deshalb habe ich mir von meinem Konfirmationsgeld noch einen 24 PS Fahr gekauft, Typ D180H. Alle anderen haben sich damals Stereoanlagen oder Rennräder gekauft – aber für mich musste es ein Trecker sein, auch wenn mich alle belächelt haben.

Als ich später in der Lehre war, bin ich schließlich durch einen Kumpel zum Lanz gekommen, der sich selbst schon einen Bulldog zugelegt und mich damit bereits angesteckt hatte. 1991 erzählte er mir von einem teilzerlegten D2416er Volldiesel-Bulldog – Baujahr 1955 – in seiner Nachbarschaft, der verkauft werden sollte. Da habe ich sofort zugegriffen. Und dann habe ich auch schnell gemerkt, wie toll so ein Bulldog ist – also habe ich umgesattelt.

Dieser erste Bulldog musste jedoch erst mal komplett restauriert werden: Motor, Getriebe, Elektrik, Farbe – der musste technisch und optisch komplett neu gemacht werden. Die fachlichen Kenntnisse hatte ich dafür aber noch nicht, die Schrauberei habe ich mir später selbst angeeignet. Und die Restaurierung hat tatsächlich auch zwei Jahre gedauert. 1993 war der Bulldog endlich fertig – und das Gefühl war sagenhaft. Ich habe ihn zusammen mit einem Kumpel nachts um halb zwei zum Laufen gebracht, und dann sind wir hier gleich mitten in der Nacht durch die Straßen gefahren – das war unbeschreiblich! Kurz danach bin ich mit meinem Lanz auch zum Backsberg-Treffen gefahren, da lief er das erste Mal – und ich war richtig stolz.

Später bin ich jedes Jahr mehrmals mit ihm zu Treckertreffen gefahren. Die weiteste Strecke habe ich mit dem Bulldog bis nach Mannheim zurückgelegt. Das war eine Urlaubsfahrt mit Freunden und ich bin vier Tage lang gefahren, ehe ich in Baden-Württemberg angekommen bin. Dort haben wir auch eine Werksführung bei John Deere gemacht, was früher ja Heinrich Lanz war. Am Bulldog hatte ich auch einen ausgebauten Bauwagen dran, das war ein netter Urlaub.

Diesen ersten Lanz habe ich heute nicht mehr – den habe ich eingetauscht und andere Bulldogs gekauft, denn ich hatte ja Blut geleckt. 1992 habe ich einen Lanz D1666 mit MBM-Motor gekauft, also einen Viertakter Diesel-Fremdmotor, ein ganz sel-

Ob in der Nähe oder weiter weg – auf jede Tour muss auch der umgebaute Bauwagen immer mit.

tenes Ding. Keiner wollte damals diese Lanzschlepper mit Fremdmotor haben, alle haben gesagt: „Das ist ja kein richtiger Bulldog!“ Aber bei mir war es genau umgekehrt – ich wollte den unbedingt haben, weil er eben etwas Besonderes war und ein Alleinstellungsmerkmal hatte. Den damaligen Besitzer habe ich also angerufen und der sagte: „Ich will Ihnen gleich etwas vorwegsagen: Sie sind jetzt der 18. Anrufer, und der Lanz ist kein richtiger Lanz, das ist einer mit MBM-Motor.“ Ich habe daraufhin erwidert: „Ja, das weiß ich – und genau deswegen rufe ich an.“ Da war am anderen Ende der Telefonleitung erst mal ein paar Sekunden Stille, und dann haben wir einen Termin gemacht; ich habe mir den Bulldog angeschaut und gekauft. Dann hat es wieder drei Jahre gedauert, bis ich ihn komplett restauriert hatte – und anschließend konnte ich ihn auch zu Treckertreffen einsetzen. Als dann mein Sohn sieben Jahre alt war, habe ich ihm diesen Lanz geschenkt – und ihn damit auch mit dem Bulldog-Fieber angesteckt.

Später habe ich mir einen 4016er zugelegt, einen großen Volldiesel – und anschließend einen 20er Glühkopf, Baujahr 1938. Der stand im Kreis Stade in Niedersachsen, kam aber ursprünglich aus der ehemaligen DDR zwischen Leipzig und Dresden; da soll er auch noch bis zur Wende gelaufen sein. Später hat ihn einer aus Westdeutschland gekauft und bei sich in die Scheune gestellt – aber vergessen, das Wasser abzulassen. So ist der Lanz im Winter natürlich auseinander gefroren und wurde als Schrott verkauft. Da habe ich dann zugeschlagen und auch den wieder zwei, drei Jahre lang restauriert. Man braucht schon Geduld für so eine komplette Restaurierung – entweder hat man sie, oder man hat sie nicht. Aber ich bin damit eigentlich groß geworden und mache mir darüber keine Gedanken, für mich ist das normal. Schließlich wollte ich diese Maschinen ja auch unbedingt haben – dann muss ich sie auch

Ein Traum ging in Erfüllung: der Bulldog mit Zirkuswagen. Sogar mit einem Bad – natürlich selbst ausgebaut.

restaurieren. Später bin ich auch mit diesem Bulldog zu Veranstaltungen gefahren – die weiteste Strecke war drei Tage lang nach Leipzig zum Bulldogtreffen.

Irgendwann kam dann mein großer Lanz, der 5016er, ein Halbdiesel. Um mir den leisten zu können, musste ich andere Bulldogs wieder verkaufen. Und dann habe ich mir auch einen Zirkuswagen mit Oberlicht im Stil der 1950er Jahre von einem Zimmermann bauen lassen, dafür musste ich aber leider auch den Glühkopf verkaufen. Doch der Zirkuswagen war seit jeher schon mein großer Traum. 1992 bin ich auf dem Weg nach Hamburg zum Treffen vom Toch-Club mal überholt worden von einem Gespann: ein großer Halbdiesel mit einem Zirkuswagen dahinter – und da habe ich mir geschworen, dass ich so etwas auch mal haben werde.

Mit dem Bulldog und dem Zirkuswagen bin ich mit meiner Familie regelmäßig in den Urlaub gefahren, da kommen schon einige Tausend Kilometer zusammen. 2018 waren wir mit dem Gespann zum Beispiel an der Ostsee in Kühlungsborn. Das war schon toll, und die Fahrt war ganz schön aufregend. Als wir auf dem Campingplatz ankamen, waren wir umringt von staunenden und lachenden Leuten – und das waren keine Oldtimer-Fans, sondern ganz normale Urlauber. Die Reaktionen der Leute sind sowieso überwiegend positiv, wenn sie das Gespann sehen; die meisten finden das beeindruckend. Manchmal erlebt man aber auch etwas anderes. Als wir 1994 nach Mannheim gefahren sind, da kam das eher komisch in der Bevölkerung an – im Laufe der Zeit hat sich das aber geändert, und mittlerweile ist der Lanz sowieso legendär und in der Bevölkerung angekommen.

DER ERSTE LANZ BULLDOG-CLUB IN WESTDEUTSCHLAND

Bereits Mitte der 1970er Jahre – als Lanz-Fans viele Bulldogs vor dem Schneidbrenner retteten und noch verächtlich als Schrottsammler bezeichnet wurden – kam es zur Gründung des ersten Lanz-Bulldog-Club Deutschlands: Der „Lanz-Bulldog-Club Oyten-Backsberg e. V." im nördlichen Niedersachsen (Siehe S. 63) organisierte 1975 ein erstes Treffen mit rund 20 Lanz-Begeisterten, die dort stolz ihre Schätze präsentierten. Mittlerweile gehört das Pfingst-Treffen des Clubs bundesweit zu den größten Treffen seiner Art („Große Treckertreffen mit Kultstatus" Seite 54 bis 63). Der Bulldog-Club will die alte Landmaschinentechnik erhalten und weitergeben – und bietet allen Interessierten auf seiner Webseite viel Hintergrundwissen an.

Weitere Infos: www.lanz-bulldog-club.de

Zurzeit habe ich noch zwei Bulldogs – den großen 50er und den 4016er Volldiesel. Die setze ich manchmal bei uns in der kleinen Landwirtschaft ein, um Korn wegzubringen oder Heu zu holen. Wenn ich weiß, dass ich den Bulldog damit nicht kaputt mache, dann macht mir das auch viel Spaß. Der 4016er Volldiesel ist für mich jedenfalls der echte Lanz. Er ist immerhin das Ergebnis der letzten Entwicklung, die Heinrich Lanz damals gemacht hat – also der letzte echte Bulldog, der damals gebaut wurde. Und das Aussehen und der Klang, das ist bei dem 40er einfach genial. Er sieht sehr kompakt aus, ist aber eben doch größer – und er hat eine sehr schnittige Bauform und eine Motorhaube, die vorne den Schlepper komplett abdeckt. Und dieser Motorsound, den hat kein anderer. Den 4016er hört man von allen anderen sofort heraus. Der hat einen sehr tiefen Bass – aber das lässt sich gar nicht richtig beschreiben; diesen Klang muss man einfach selber hören.

Der Glühkopf-Sound ist natürlich auch super, und wenn der im Leerlauf läuft – gerade wenn es sich noch um eine Vorkriegsmaschine handelt – dann ist das ein unerreichter Sound, da kommt natürlich kein anderes Fahrzeug heran. Trotzdem finde ich den 40er vom Sound her noch besser. Ich habe ja den Glühkopf selber gehabt, ich bin mit dem Ding bis nach Leipzig gefahren, und er ist unheimlich anstrengend zu fahren. Wenn man damit quer durch Deutschland fährt, ist man hinterher total erledigt. Ein Glühkopf ist natürlich etwas Schönes, gar keine Frage – und er ist der Inbegriff eines Lanz Bulldogs; damit ist Lanz schließlich auch groß und bekannt geworden. Und auf einem Treckertreffen ist man damit natürlich auch der Platzhirsch, da kommt kein anderer Schlepper heran. Aber zum Fahren auf der Straße und zum Verreisen ist der Volldiesel ihm absolut überlegen. Er ist ruhiger und bequemer, und er zieht einfach auch besser und hat mehr Dampf.

Das Besondere am Bulldog ist auf jeden Fall der Motorsound – und das Fahren. Man schaltet einen Bulldog ja ganz anders als einen herkömmlichen

Andy lässt auf den 40er Volldiesel nichts kommen. Sein Fazit: zum Reisen der beste Lanz, den es gibt.

Sieht schick aus, der Bulldog, aber einfach lässt er sich nicht fahren. Man muss auf jeden Fall den Trick mit der Kupplungsbremse kennen.

Trecker. Ich sage auch immer mal gern: „Es gibt Trecker – und es gibt Bulldogs!“ Denn der klingt einfach anders als jeder andere Trecker und der verhält sich anders, egal ob er 16 oder 60 PS hat. Er holt seine Power im Zweitakt-Verbrennungsverfahren komplett aus nur einem Zylinder, so etwas hat kein anderes Fahrzeug. Außerdem ist er sehr drehfreudig: Wenn man Gas gibt, da kommt was, da ist eben richtig Power drin. Bei einigen Bulldogs, vor allem bei den großen Typen, hat man allerdings eine Kupplungsbremse am Bord. Das heißt, beim Hochschalten tritt man nicht einfach so die Kupplung und lässt sie wieder los, sondern man tritt sie zuerst nur halb durch, nimmt den Gang heraus, tritt dann die Kupplung weiter bis zum Anschlag – und in diesem Moment arbeitet die Kupplungsbremse. Danach legt man den nächsthöheren Gang ein und lässt die Kupplung wieder kommen. Also, schon allein das Schalten ist anders als bei jedem anderen Schlepper. Und den Gang schaltet man auch nicht von oben nach unten, sondern man schaltet beim Bulldog quer. Lanz Bulldog-Getriebe sind so gebaut, dass die Gänge seitlich eingelegt werden. Jedenfalls ist das alles ziemlich außergewöhnlich – darum fahre ich auch so gern einen Bulldog. Und wer einen Bulldog fahren kann, ohne dass das Getriebe knarzt, der kann alle Oldtimer der Welt fahren.

Brenzlige Situationen mit dem Bulldog-Glühkopf habe ich übrigens auch erlebt. Da stand ich zum Beispiel an einer Kreuzung, die Ampel ging auf Grün, ich habe aber die Kupplung zu schnell kommen lassen und auf einmal lief der Motor anders herum. Der Bulldog hat ja die Eigenart, dass er auch rückwärtslaufen kann. Und dann hat man auf einmal keine Vorwärtsgänge mehr und steht an der Kreuzung – hinter sich 30 hupende Autos – und muss den Motor umsteuern;

nur dafür muss man beim Glühkopf absteigen. Das ist natürlich ein Moment, wo man richtig nervös wird.

Sein Aussehen, sein Motorsound und die Fahrtechnik – das ist für mich das Besondere am Bulldog. Und die Einfachheit der Technik, die begeistert mich auch sehr. Ich finde, man kann beim Bulldog sowohl Motor wie Getriebe relativ einfach zerlegen, reparieren und wieder zusammensetzen – das ist irgendwie alles selbsterklärend. Dabei ist ein Lanz leichter und besser zu schrauben als beispielsweise ein Viertakter. Nur der Ein- und Ausbau der Kurbelwelle, das ist nicht ganz so einfach. Je größer der Bulldog ist, desto schwerer und größer ist natürlich auch die Kurbelwelle. Dafür braucht man schon zwei oder drei Mann, die beim Einbau helfen. Denn wenn man die Kurbelwelle neu einsetzt, kann man andere Teile schnell zerstören. Da muss man schon sehr aufpassen. Ich habe jedenfalls bestimmt mehrere Tausend Stunden mit dem Bulldog in der Scheune verbracht. Meine jetzige Partnerin hatte mit Bulldogs allerdings nie etwas zu tun, sie schraubt auch nicht – aber sie fährt hier und da schon mit und ist ganz begeistert.

Als ich in den 1980er Jahren mit den Bulldogs angefangen habe, da wurde ich übrigens oft belächelt – da war ein Lanz sozusagen noch nicht salonfähig. Aber mittlerweile ist daraus Bewunderung geworden. Ich fahre im norddeutschen Raum regelmäßig zu Treckertreffen, innerhalb von Niedersachsen und Schleswig-Holstein. Aber ich war auch schon in Nordrhein-Westfalen und in Sachsen. Die Szene hat sich allerdings gewandelt. Zu unserem Bulldog-Treffen kommen jetzt jedenfalls immer mehr jüngere Leute mit ihren Oldtimern – und weniger ältere Leute, die den Bulldog noch auf

DER ERSTE LANZ BULLDOG-CLUB IN OSTDEUTSCHLAND

Am 21. März 1985 trafen sich in Engelsdorf bei Leipzig elf Bulldogfreunde zur Gründungsversammlung und gaben sich den Namen „1. Lanz-Bulldog-Club der DDR Leipzig-Engelsdorf". Eine Vereinsgründung war damals eine enorme Herausforderung, da die DDR-Obrigkeit Bürgeraktivitäten dieser Art unbedingt verhindern wollte. Doch die Gründungsväter fanden einen Kniff: Sie organisierten sich im „Allgemeinen Deutschen Motorsport Verband Leipzig" (ADMV-Leipzig) und etablierten dort einen Veteranen-Schlepperclub. Seit dieser Zeit hat auch dieser Verein (s. S. 58) zum Ziel, historische Traktoren und Landmaschinen zu erhalten, zu restaurieren und der Öffentlichkeit zu präsentieren; zusätzlich veranstaltet er eines der größten Trecker-Events in Leipzig.
Weitere Infos: www.lanzfreunde-sachsen.de

Zurzeit geht der Trend zur Patina,
eben weil es ursprünglicher ist.

© Lanz-Bulldog-Club Oythen

dem Acker erlebt und dadurch einen ganz anderen Bezug zu diesem Schlepper haben. Die gehen anders mit ihrem Schlepper um. Das sieht man übrigens auch an der Art der Restauration. Die älteren Bulldog-Besitzer müssen ihre Fahrzeuge interessanterweise immer lackiert haben – so nach dem Motto: ein alter Schlepper darf nicht rostig und abgenutzt sein, der soll gar nicht nach harter Feldarbeit aussehen und stattdessen glänzen und gut aussehen. Und die jüngeren Lanz-Leute wollen ihren Schlepper eher so zeigen, wie er früher war. Und wenn er Patina hat, wird er auch so präsentiert: technisch eins a, aber optisch eben so, wie er mal war. Diese Leute wollen eher die alte Zeit widerspiegeln, obwohl sie sie gar nicht erlebt haben. Ich selbst habe früher meine Bulldogs immer neu lackiert, das war in der Szene eben auch so üblich. Aber mittlerweile bin auch ich ein Patina-Fan geworden. Ich finde, dass der Schlepper mit Patina sein Leben zeigt, da ist nichts versteckt, da zeigt er sein wahres Gesicht von früher – und das fasziniert mich mittlerweile viel mehr als ein hochglanzlackierter Lanz.

Jedes Fahrzeug, egal welches, hat jedenfalls irgendwie eine Seele – und die vom Bulldog-Schlepper ist ja mit 100 Jahren schon richtig alt. Und wenn man bedenkt, dass die Firma Lanz bis zum Zweiten Weltkrieg Europas größter Schlepper-Hersteller war, bekommt das Ganze noch mehr Bedeutung. Es gibt noch diese alten Emailleschilder mit dem Spruch: „Der Schlepper von Weltruf" – und das ist ja auch so. Dieses Fahrzeug – das war vornehmlich der Glühkopf – ist damals tatsächlich in alle Welt exportiert worden und im Ausland auch zigfach nachgebaut worden. Dieses Konzept von Einfachheit und Robustheit, das war legendär. Also, der Bulldog hat einen bahnbrechenden Motorisierungserfolg in der Landwirtschaft ausgelöst. Aber nicht nur da, man hat ihn sogar mit Erfolg im Zweiten Weltkrieg eingesetzt; beim Russlandfeldzug bei minus 30 Grad sind ja sämtliche Diesel- und Benzinmotoren eingefroren und sprangen nicht mehr an – aber der Glühkopf lief. Dort hatte man auch viele Eilbulldogs eingesetzt, die andere Fahrzeuge angeschleppt haben. Und auch im Fuhrgewerbe hat man den Bulldog eingesetzt – beim Holzhandel, Kohlehandel und Baustoffhandel ebenso wie in der Forstwirtschaft zum Transport von Baumstämmen. Also, der Bulldog war vielseitig einsetzbar; er war eben robust, einfach – und lief eigentlich immer.

Und diese Einfachheit, Robustheit und der bullige Sound hat sich einfach in die Köpfe der Leute gebrannt – und darum ist der Bulldog bis heute so beliebt, begehrt und eben etwas Besonderes. Er ist imposant und legendär und ruft eine Menge Begeisterung hervor. Und der Bulldog-Sound, der geht einfach durch Mark und Bein: entweder du liebst das, oder du hasst das!

„Ich wollte gern nach Australien, ich war schon immer ein Abenteurer."

KLAUS, FRÜHERER LANZ-MITARBEITER AUS NORDRHEIN-WESTFALEN
Jahrgang 1929, aufgewachsen im Kreis Wismar an der Ostsee. Floh nach seiner Ausbildung zum Hufschmied nach Westdeutschland, arbeitete lange Jahre für die Firma Heinrich Lanz in Mannheim und anschließend 23 Jahre bei der Firma Claas, und lebt in Nordrhein-Westfalen.

Mit dem „Mobile Workshop“ in der australischen Wildnis – irgendwo im Busch zwischen Tullibigeal und Lake Cargelligo.

Treckerfahren konnte ich schon als Halbwüchsiger, das habe ich in der Ostzone gelernt. Bevor der Krieg zu Ende war, habe ich die Ferien immer bei meinem Onkel auf seinem Gut im Kreis Rostock verbracht. Er hatte dort einen Lanz Bulldog und eine Famo Dieselraupe – und den Bulldog habe ich bei ihm schon gefahren, bevor das Gut im Zuge der Bodenreform enteignet wurde. Beim Pflügen habe ich mich damals allerdings oft festgefahren, ich war ja noch jung und hatte keine Erfahrung damit, wie man im Sand so einen Bulldog fahren musste – und außerdem ging es da steil nach oben auf den Fuchsberg, wo heute die Autobahn durchgeht.

Später hatte ich als gelernter Hufschmied natürlich eine intensivere Beziehung zu Pferden als zu Schleppern. Nach dem Krieg gab es in der Ostzone sowieso keinen Brennstoff, deshalb hat man wieder mit Pferden gearbeitet. Als mein Onkel enteignet worden war, sind wir auch vertrieben worden und zu Fuß Richtung Westen geflüchtet, zu einem Gut im Kreis Wismar. Da sind wir eine Zeit geblieben, aber dann wurde dieser Gutsbesitzer auch enteignet. Zu der Zeit war es so, dass die Güter aufgelöst wurden – die wollten keine Junker mehr, sondern nur Neubauern. Jeder Flüchtling und jeder Arbeiter bekam sieben Hektar oder Morgen Land. Da habe ich dann auf einem weiteren Gut gearbeitet, das nicht zerstört war. Da war ich etwa

Der Lanz als Safari-Traktor: auf Wildschweinjagd mit zwei Farmern aus Opal Downs.

16 Jahre alt, bin wieder Bulldog gefahren und habe das richtige Treckerfahren gelernt. Später kam mein Bruder aus der Gefangenschaft und es gab zu viele hungrige Münder in der Familie – deshalb bin ich dann im Nachbardorf zu einer Schmiede gekommen. Aber nachdem ich Geselle war, bin ich in den Westen geflüchtet.

Bei Lanz in Mannheim habe ich 1950 angefangen. Da habe ich mich ganz wohlgefühlt – bis auf die Sprache. Der Mannheimer Dialekt klang doch ganz anders als der Mecklenburger. Aber es war dennoch ganz angenehm da und ich verdiente Geld. Zuerst habe ich dort als Schmied in der Schmiedewerkstatt der Versuchsabteilung gearbeitet. Aber dann hatte Lanz ein kleines Versuchsgut in der Nähe von Mannheim gekauft, um die Maschinen zu testen – und ich wurde Fahrer, um für Lanz Bulldog Neuentwicklungen auf dem Feld zu testen. Dort musste ich mit dem Bulldog die Geräte ziehen und den Acker bearbeiten. Also pflügen, eggen, Dünger streuen – und eben all das testen, was an den Bulldog angebaut wurde. Das waren immer Glühköpfe, mit denen wir die Anbaugeräte getestet haben.

Ich habe auch noch miterlebt, wie die Motorbremse entwickelt wurde. Es gab in bergigen Landschaften – wie beispielsweise im Schwarzwald – ein Problem mit dem Bulldog, wenn er bergab fahren sollte. Um abzubremsen, nahm der Fahrer das Gas weg und legte den ersten Gang ein. Aber wenn man das Gas wegnahm, nahm man auch das Öl weg; gleichzeitig wurde der Motor durch das Schieben ja weiter durchgedreht, konnte aber eben nicht mehr einspritzen. Und dadurch entstanden Kolben- und Pleuellagerfresser. Dass kein Öl mehr gepumpt wurde, habe ich auch festgestellt und als später die Motorbremse entwickelt wurde, war das Problem behoben – und die Motorbremse funktionierte auch richtig gut.

In der Versuchsabteilung wurde bald der Mitteldruckmotor entwickelt, der 13 : 1 verdichtete – 7 : 1 war es beim Glühkopf. Ich habe dann als Fahrer in der Versuchsabteilung sowohl mit dem neuen Lanz als auch mit dem Glühkopf die Anbaugeräte getestet. Aber in erster Linie habe ich den Alldog getestet, mit dem wurde ich sogar für ein Prospektbild fotografiert. Später bin ich auch bei vielen Pflugfabriken gewesen und habe dort mit dem Lanz die Versuche gefahren, sogar in Schweden.

Dann brauchte Lanz Monteure in Australien. Da haben sich neben mir noch sechs weitere zur Ausbildung für Übersee gemeldet. Davon wurden drei ausgewählt – und einer davon war ich. Das war 1953. Ich wollte gern nach Australien, ich war schon immer ein Abenteurer. Schon als Kind war es mein Traum, einmal mit dem Schiff um die Welt zu fahren. Und Australien war dann meine erste große Reise. Und so war ich also bis 1956 in Australien, für drei Jahre. Lanz hatte schon vor dem Krieg seine Schlepper nach Australien exportiert, das waren so 800 Stück. Und nach dem Krieg haben die Australier den Lanz nachgebaut – das durften sie als Reparationsleistung, weil sie in Afrika gegen die Deutschen kämpften. Das waren 35 PS Bulldogs, die etwas höher drehten, sodass sie 40 PS hatten. Diese Nachbauten hießen K&L Bulldogs, und diese musste ich ebenso wie die importierten Bulldogs reparieren. Meistens ging es da um die Pleuellager – die waren defekt, weil kein Öl nachgefüllt worden war. Und es gab natürlich immer wieder Kolbenfresser; das waren die Hauptschäden. Und ich war darin eben ein Spezialist, der genau solche Schäden reparieren konnte.

Reparatur in Shorts und unter freiem Himmel – für Klaus genau das Richtige. Und immer konnte er die Lanz Bulldogs wieder zum Laufen bringen.

Ein Kolbenfresser mitten beim Säen: Der Bulldog hatte zu wenig Öl – und die Reparatur dauerte fünf Wochen.

Ein kritischer Blick, aber der D2206 läuft wieder.

Für meine Arbeitseinsätze musste ich jedenfalls kreuz und quer durch Australien fahren. Ich war immer allein unterwegs, aber ich fand das weder einsam noch gefährlich. Ich habe mich da wohlgefühlt und bin gern in den Busch gefahren; zum Schutz und für die Jagd hatte ich ja auch ein Gewehr dabei. Ich bekam einen sogenannten „Mobile Workshop", einen Sattelzug mit einem neun Meter langen Trailer, da war meine Werkstatt drin. Vorn auf dem Drehpunkt des Anhängers befand sich meine Schlafkabine und eine kleine Küche. Das war ein großes Abenteuer. Meine Kunden waren alles Farmer, die viel Land hatten und die alte Lanz-Bulldogs besaßen – also auch welche, die vor dem Krieg geliefert worden waren. Das waren Glühkopfe, aber am Ende meines Aufenthaltes kamen dann auch die ersten Mitteldruckmotoren von Lanz dazu. Von den alten Glühköpfen waren viele defekt, die habe ich dann meistens direkt auf dem Feld repariert und geschlafen habe ich im „Mobile Workshop".

Von Lanz Australien bekam ich immer Bescheid, wo mein nächster Arbeitseinsatz war. Die Landkarten, die es damals gab, waren aber nicht so gut wie heute – und manchmal wusste ich gar nicht so

Der erste Lanz Bulldog, den Klaus in Australien verkaufte: ein 50 PS Schlepper, vermutlich ein D5016.

genau, wo ich eigentlich hinmusste. Aber ganz häufig habe ich die Bulldogs schon von Weitem gehört – dann wusste ich Bescheid. Viele Farmer hatten ja mehrere Lanz, und einer davon lief immer. Ein Lanz pumpte auch mal Wasser per Riemenscheibe und Pumpe aus einem Fluss, den hörte ich dann schon meilenweit. So fuhr ich also mit dem „Mobile Workshop" durchs Hinterland in den Busch und machte die Bulldogs wieder flott. Im „Mobile Workshop" hatte ich auch ein Azetylen-Schweißgerät, allerdings kein E-Schweißgerät; ich hatte auch Lötsachen und eben alles, was man zur Reparatur so brauchte – viele der Werkzeuge hatte ich aus Deutschland mitgenommen, und das war eine richtige fahrbare Werkstatt. Und so fuhr ich dann durchs Land.

Zu Beginn meiner Zeit ins Australien habe ich vor allem den 45er Glühkopf repariert. Die frisch importierten 55 PS-Glühköpfe fingen in der australischen Hitze beim Pflügen an zu kochen – und warum das so war, habe ich auch bald entdeckt. Am Anfang dachte man noch, das läge am Diesel – deswegen wurde sogar extra Diesel aus Deutschland importiert. Aber das war alles Blödsinn. Denn bei den Bulldogs, die nach Übersee kamen, waren die Kühlelemente auch mit Farbe überspritzt worden. Da kam ich auf die Idee, die Farbe

Ein anstrengendes „Geburtstagsgeschenk“ zum 25sten: Großreparatur eines Bulldogs in Australien. Ein Werkstatthandbuch braucht der gebürtige Mecklenburger nicht.

abzubeizen. Also haben wir die Farbe mit einer Nitro-Verdünnung abgebeizt und siehe da: Die Bulldogs kochten nicht mehr. Daraufhin habe ich einen Pkw bekommen und bin durchs Land gefahren, um die Kühler abzubeizen. Doch die Nitroverdünnung verflog bei der Hitze ziemlich schnell, also kam mir eine weitere Idee: Die Kühlerelemente wurden ausgebaut, mit Wasser gefüllt und dann haben wir die Farbe mit der Heizlampe angebrannt. Anschließend wurde die abgebrannte Farbe in einer speziellen Sodalösung ausgekocht. Dafür habe ich ein Fass halbiert, eine Soda-Lösung vorbereitet und darunter eine Flamme angebracht. Das funktionierte richtig gut.

Gewöhnlich bin ich pro Strecke bis zu 500 Kilometer gefahren. Mit den Farmern habe ich mich auf Englisch unterhalten, ich hatte in der Schule ja Englisch. Natürlich war die Grammatik nicht immer richtig, aber für den Alltag ging das ganz gut. Die meisten Probleme hatte ich eher mit den technischen Fachbegriffen, die lernt man nicht in der Schule. Aber die habe ich dann auch bald beherrscht.

Die meisten Kunden waren Ackerbauern, die haben meistens Weizen angebaut. Viele von den Farmern waren sogar aus Deutschland, also deren Vorfahren waren nach Australien ausgewandert. Und mit denen hatte ich überhaupt keine Probleme, und mit den anderen eigentlich auch nicht. Die luden mich sogar zum Essen ein, denn die Farmen waren oft so abgelegen, dass ich abends gar nicht mehr in eine Stadt ins Restaurant fahren konnte. Nur bei einem Kunden war das mal etwas unangenehm. Bei dem ich hatte ich den KL-Bulldog repariert und anschließend gegessen. Und zum Schluss musste ich abkassieren, also meine Arbeitskraft und das verbrauchte Material in Rechnung stellen – und dieser Farmer verlangte dann von mir, dass ich das Essen von der Rechnung abzog. Er war ein Deutschenhasser, weil er in Afrika gegen uns kämpfen musste.

Bei den Farmern gab es jedenfalls nie einen Fall, bei dem ich nicht helfen konnte – das hat es nie gegeben. Also, wenn ich irgendwo hinkam, bin ich erst wieder weggefahren, wenn der Bulldog lief. Und wenn ich das passende Ersatzteil nicht dabei hatte – wie beispielsweise eine neue Kurbelwelle – dann habe ich zuerst ein Telefon im Busch gesucht, in Sydney angerufen und das Ersatzteil bestellt. Und das wurde dann auch gebracht. Zu Anfang war das alles etwas beschwerlich, aber später hatten sie in Sydney alle Teile auf Lager. Nur einmal, da habe ich ein Vierteljahr warten müssen – da wollte ein Farmer seinen Bulldog von drei auf sechs Gänge umgebaut haben. Dafür brauchte ich passende Zahnräder und so weiter. Das dauerte drei Monate, ehe diese Teile aus Deutschland angekommen waren. Für einen Reparatureinsatz habe ich normalerweise ein bis drei Tage gebraucht – je nachdem, was zu tun war. Häufig fuhr ich auch nicht zu den Farmern direkt hin, die brachten dann ihre Bulldogs in den nächsten Ort zu einer Werkstatt, wo ich mit meinem „Mobile Workshop“ schon wartete. Da kamen dann alle Farmer hin, die im Umkreis von 60 bis 80 Kilometern lebten.

Auch wenn der erste Rohölschlepper der Welt schon 1921 der Öffentlichkeit präsentiert wurde – Vorführfahrer Klaus zeigte ihn immer wieder, wie hier auf der DLG-Ausstellung 1953 in Köln.

Als Monteur habe ich etwa eineinhalb Jahre in Australien gearbeitet. Danach kam ich in den Verkauf und bekam einen eigenen Wagen – einen der ersten VW, die nach Australien exportiert worden waren. Verkauft habe ich dort die neueren Lanz, die bis 60 PS. Aber als Verkäufer ging es ja in erster

Linie nur ums Reden, das gefiel mir nicht so gut. Ich war lieber als Monteur unterwegs. Ich wollte etwas reparieren und fand es schön, wenn ein Bulldog danach wieder gut lief. Nachdem ich aus Australien zurückkam, habe ich in Deutschland wieder als Monteur gearbeitet. Dann war ich 1957 auch noch ein halbes Jahr in Kanada. Dort habe ich die neuen 50 und 60 PS Lanz, die nicht richtig montiert worden waren, gleich bei dem Importeur in Winnipeg repariert, bevor sie ausgeliefert wurden. Und außerdem habe ich dort auch die alten Glühkopf-Bulldogs repariert.

Insgesamt habe ich erst sieben Jahre für die Firma Lanz und später dann fünf Jahre für John Deere-Lanz gearbeitet. Einen eigenen Lanz hatte ich aber nie – dafür habe ich sie ja alle gefahren. Und später, als ich in Rente ging, habe ich zu Hause eine Werkstatt gehabt, da habe ich auch noch viele Bulldogs repariert. Insofern brauchte ich keinen eigenen Lanz – wozu auch. Mir hat immer Spaß gemacht, die Leistung vom Lanz wiederherzustellen. Aber einen Lieblings-Bulldog habe ich schon: den Glühkopf mit 45 PS. Es ist der Klang, wenn man bei dem Gas gibt – dann knallt er so richtig durch.

Am liebsten mag ich beim Bulldog übrigens das Fahren und Ziehen. Also, die anderen Schlepper von früher, die waren viel zu leicht und drehten ja durch. Das sah man besonders gut bei Wettbewerben, zum Beispiel beim Pflügen. Da fuhren dann so 20, 30 Schlepper mit dem Pflug los und ich war mit dem Lanz der Erste, der ankam. Das lag daran, dass die Räder Griff hatten auf dem Acker, auch auf dem losen Acker – und eben nicht durchdrehten wie die anderen. Der Lanz hatte mit seinem Eigengewicht mehr Griff als alle anderen, und konnte dadurch mehr Kraft auf den Ackerboden bringen. Ich kenne an den Bulldogs jedenfalls jede Schraube. Man kann mir alles auf einen Haufen werfen – ich weiß genau, wohin welches Teil gehört. Ich brauche kein Buch, um alles zusammenbauen zu können.

1951 – letzte Probefahrt des 16 PS Allzweck-Bulldog auf dem Hamburger Heiligengeistfeld. Auf der 41. DLG in der Hansestadt war Klaus als Vorführfahrer tätig.

MOTOREN
LANZ
LANZ

Das erste Gespann: noch nicht mit einem Mannheimer davor, sondern mit dem Lanz aus Auendorf.

„Ich war so angetan, dass ich sie einfach mal gezeichnet habe."

BODO, TRAKTOR-MALER AUS MECKLENBURG-VORPOMMERN

Jahrgang 1955, wuchs im Bezirk Brandenburg auf, wohnte in Berlin, auf Kreta sowie in Nürnberg und zog anschließend jahrelang als freischaffender Kunstmaler mit Trecker und Wohnwagen durch Deutschland. Er ist bundesweit als bedeutender (Trecker)-Künstler bekannt und lebt heute in Mecklenburg-Vorpommern.

Mein Vater war in den 1960er Jahren Bauer auf einer LPG, mein Onkel hatte wiederum ein kleines Fuhrunternehmen mit zwei Bulldogs auf seinem Betrieb – und das war für mich als Kind schon der erste Kontakt zu den Treckern. Anschließend hatte ich aber gar keinen Draht mehr dazu, habe mehrere Jahre gar nicht an Schlepper gedacht, denn ich lebte zu der Zeit in Westberlin. Allerdings war ich dort nicht zufrieden, denn ich wollte eigentlich die Welt kennen lernen. Deshalb bin ich später für zwei Jahre nach Kreta gegangen.

Erst als ich 1984 nach Deutschland zurückgekommen bin und in Nürnberg wohnte, fing das wieder mit dem Traktor an. Das kam so: Auf Kreta hatte ich unter anderem Leute aus Schleswig-Holstein kennengelernt, die dort als Aussteiger eine Landkommune und eine ganz andere Vorstellung vom Leben hatten. Als ich sie mal besucht habe, waren sie gerade dabei, Traktoren und Bauwagen fertig zu machen, um damit nach Spanien und Portugal zu fahren. Und das war für mich wie eine Initialzündung. Denn da war die Idee geboren, mit einer Zugmaschine und einem Bauwagen durch die Welt zu ziehen.

Zu der Zeit wohnte ich ja allerdings in Nürnberg und wollte Malerei studieren. Ich hatte mich an der Kunstakademie beworben, wurde aber abgelehnt – und bin deshalb an eine freie Kunstschule gegangen und habe dort das Handwerk in drei Semestern gelernt. Mein Kunstlehrer übernahm nebenbei auch Auftragsarbeiten für Wandmalereien, und da ich das Geld für das Studium nicht immer aufbringen konnte, hatte ich die Möglichkeit, die Gebühr abzuarbeiten, indem ich mit ihm zusammen die Wandmalereien machte.

Später konnte ich mir dann einen Traktor kaufen. Das war allerdings kein Heinrich Lanz, sondern ein Hermann Lanz – der wurde ja in Bayern gebaut. Dazu habe ich noch einen kleinen Bauwagen gekauft und hergerichtet – und so bin ich dann losgezogen. Mir war selbst gar nicht so klar, wie das gehen soll – ich bin eben einfach losgezogen und habe mir Ziele

1991 – jung, frei und unabhängig.

Endlich ein echter Lanz und ein neuer Wohnwagen.

in ganz Deutschland ausgesucht. Unterwegs habe ich in Städten angehalten, habe meine Bilder genommen und in den Fußgängerzonen und Einkaufsstraßen einen Stand aufgebaut. Dort habe ich dann gearbeitet, gezeichnet, gemalt und meine Bilder verkauft – das lief ganz wunderbar, und ich musste ja auch von irgendetwas leben. Mit Treckern hatte meine Malerei zu der Zeit aber noch nichts zu tun; ich habe stattdessen Landschaften und Stadtansichten gemalt und Postkarten entworfen.

Meine Route führte mich irgendwann hoch nach Norddeutschland, und ich kam nach Rendsburg in Schleswig-Holstein. Auch dort habe ich in der Fußgängerzone meinen Stand aufgebaut. Rein zufällig bin ich dort einem anderen Maler begegnet – und das war wirklich verrückt, denn auch er war mit einem Traktor und einem Galeriewagen unterwegs und hat ebenso auf der Straße seine Bilder angeboten.

Wir haben uns dann dazu entschlossen, gemeinsam weiterzufahren – und waren also ein ganzes Jahr lang zusammen unterwegs. Er kam aus Itzehoe und kannte in Norddeutschland die ganzen Musik- und Kunstfestivals, und zu diesen Veranstaltungen sind wir immer hingefahren. Da waren wir natürlich die Attraktion mit unseren Treckern und Wagen und unseren Bildern. Im Winter haben wir allerdings pausiert und konnten in Dithmarschen bei einer Künstlerin unterkommen. Sie hat Werner-Figuren gemacht, also von der Figur Brösel – und da saßen wir dann abends zusammen gemütlich in der Galerie und haben diese Figuren bemalt. So waren wir eine Zeit lang in Schleswig-Holstein unterwegs.

Ab und zu war ich aber auch in Berlin, dort lernte ich dann 1989 eine Frau kennen, in die ich mich verliebte. Und wir beschlossen, zusammen loszuziehen. Dafür haben wir uns einen größeren Wagen besorgt, der sechs Meter lang war, denn diese Frau hatte zwei kleine Kinder. Das kann man sich heute gar nicht mehr vorstellen, aber wir sind dann eben zu viert los. Und zwar wollten wir im Sommer 1990 nach Portugal. Dafür sind wir zunächst quer durch Frankreich nach Spanien gefahren, immer auf kleinsten Straßen, denn der Traktor hatte ja nur 12 PS. Wir sind bis zu den Pyrenäen gekommen – diese Straßen mit ihren Steigungen bis 16 Prozent waren für den Schlepper ganz schön kriminell. Irgendwann hat uns auf einer Bergspitze dann die Polizei von der Straße geholt und gesagt: „So geht das nicht!" Die Beamten haben uns an die französische Grenze zurückgebracht und so sind wir dann erst mal in Südfrankreich angekommen. Dort haben wir einen größeren Trecker gesucht, aber keinen gefunden – deshalb sind wir wieder zurück nach Deutschland gefahren und in der Pfalz gelandet.

Hier haben wir im Winter auf einem Festplatz gestanden und hatten das Glück, über ein Zeitungsinserat einen Lanz Bulldog zu finden. Das war ein 2416er Volldiesel mit 24 PS, einer aus der letzten Baureihe von Heinrich Lanz. Der war natürlich besser als der erste Trecker mit 12 PS – und wir dachten, mit dem Bulldog schaffen wir es bis nach Portugal.

Aber erst mal wollten wir noch den kleinen Traktor verkaufen. Dafür bekamen wir von ein paar Leuten den Tipp, ein Traktortreffen zu besuchen. Im April 1991 sind wir also nach Sinsheim gefahren, da war früher immer eine große Treckerveranstaltung. Mit dem Verkauf des kleinen Traktors klappte es zwar nicht, aber ich war von den ganzen Bulldogs auf der Veranstaltung so angetan, dass ich mich dort hingesetzt und sie einfach mal gezeichnet habe. Da waren die Leute total begeistert und haben ihre eigenen Traktoren bei mir als Bild bestellt. Ja wirklich – so war das!

Der Maler bringt selbst den Kleinen den Lanz Bulldog näher.

Danach sind wir zu weiteren Traktortreffen gefahren. Gleichzeitig haben wir uns überlegt, den klei-

Trecker-Kunst auf Sägeblättern – ein Hingucker.

Startschuss des Malers waren seine Postkarten.

nen Traktor doch nicht zu verkaufen, sondern uns dafür noch einen zweiten Bauwagen zu besorgen – so sind wir dann mit zwei Gespannen unterwegs gewesen. Später haben wir auf unserer Tour Zirkusleute kennen gelernt und wurden gefragt, ob wir nicht eine Zeitlang mitfahren wollen. Also waren wir ein halbes Jahr mit dem Zirkus unterwegs. Ich habe da als Maler Werbeschilder gemalt und die Zirkuswagen bemalt, bin aber auch selbst im Zirkus als Clown aufgetreten. Wir haben uns da richtig integrieren können, das war eine schöne Zeit. Doch der Traum, mal in den Süden zu kommen, der war auch noch immer da.

Doch vorher wollten wir noch nach Ostdeutschland – zwischenzeitlich war ja die Mauer gefallen. Wir sind also an die Ostsee gefahren und haben dort erst mal bei einem Bauern gestanden, bei dem ich mitgearbeitet habe – ich bin Silo gefahren und so weiter. Überhaupt haben wir unterwegs auch immer irgendwie Arbeit gefunden. An der Ostsee entstand nach der Wende jede Menge neue Infrastruktur, da wurden auch viele Hotels und Restaurants saniert oder neu gebaut – und da habe ich meine Möglichkeiten genutzt und beispielsweise auch Postkarten mit meinen Bildern angeboten. Insgesamt sind meine damalige Freundin und ich vier Jahre lang auf diese Weise unterwegs gewesen, doch 1994 wollte sie ein geregeltes Leben führen und ist zurück nach Berlin gegangen.

Ich habe dann den kleinen Traktor und den zweiten Bauwagen verkauft, und bin allein nach Goslar in den Harz gefahren. Dort bin ich zwei Jahre lang geblieben, habe mit meiner Malerei weiter gemacht und von der lokalen Landschaft Postkartenbilder gemalt. Dafür habe ich mit einer Druckerei zusammengearbeitet, die mir eines Tages auch Postkarten von meinen Traktor-Bildern produziert hat. Ich hatte mehrere Motive von Traktoren gemalt, gleichzeitig habe ich ein Trecker-Malbuch für Kinder entworfen.

So bin ich mit den Postkarten und dem Malbuch wieder losgefahren zu weiteren Treckertreffen. Das habe ich bis 1998 gemacht. Ich war jedes Wochenende von April bis Oktober auf solchen Veranstaltungen – und zwar deutschlandweit. Im Laufe der Zeit habe ich immer mehr Bilder gemalt und zusätzlich viele verschiedene Kindermalbücher herausgebracht, unter anderem auch für das Unimog-Museum in Gaggenau und für die Harzer Schmalspurbahn, aber auch eben für Traktoren wie Deutz, Hanomag – und natürlich für den Bulldog.

Auf den Treckerveranstaltungen habe ich direkt vor Ort immer wieder die Schlepper gezeichnet und gemalt – eben auch viele Bulldogs. Gleichzeitig habe ich mich auf diese Treffen auch entsprechend vorbereitet. Ich bin ja die Woche über immer von einem Ort zum anderen gefahren, da habe in den Pausen oder bei schlechtem Wetter weitere Bilder mit landwirtschaftlichen Motiven gemalt – nicht nur auf Leinwand, sondern beispielsweise auch auf Kreissägeblätter.

Der typische Schrauber – augenzwinkernd vom Künstler auf Postkarte gebannt.

Auf Treckerveranstaltungen habe ich vor Ort immer wieder die Schlepper gezeichnet und gemalt – eben auch viele Bulldogs. Gleichzeitig habe ich mich auf diese Treffen entsprechend vorbereitet. Ich bin ja die Woche über immer von einem Ort zum anderen gefahren, da habe in den Pausen oder bei schlechtem Wetter weitere Bilder mit landwirt-

Bodos Gespann war jahrelang auf allen Treckertreffen bekannt.

schaftlichen Motiven gemalt – nicht nur auf Leinwand, sondern zum Beispiel auch auf Kreissägeblätter.

Auf den Veranstaltungen habe ich das dann alles präsentiert. Die Leute waren begeistert, viele wollten eben auch ein individuelles Bild von ihrem eigenen Traktor haben, und so habe ich viele Aufträge bekommen. Bei den Bulldog-Begeisterten sollte es immer fotorealistisch aussehen, das war schon sehr arbeitsintensiv. Ich habe die Aufträge oft im Winter abgearbeitet – wobei die Kundenwünsche ganz unterschiedlich waren. Manche wollten ihren gemalten Traktor auf Leinwand oder auf Sägeblätter haben, andere auf Dachziegel – oder als Wandmalerei auf Garagentoren von sechs oder acht Meter Breite. Der verrückteste Wunsch war aber ein Liebesakt auf dem Lanz Bulldog – man kann sich das nicht vorstellen. Das musste natürlich gut aussehen und war nicht einfach umzusetzen.

Insgesamt bin ich in all den Jahren 45.000 Kilometer mit dem Schlepper gefahren. Es gab auch nur eine größere Panne mit dem Bulldog, das war 1998 auf dem Weg nach Limburg im Westerwald. Da hatte ich ein Getriebeschaden auf der Fahrt zu einem Treckertreffen. Ich bin im zweiten Gang angekommen, das ging alles nur noch ganz langsam. Aber glücklicherweise kannte ich bereits viele Treckerbegeisterte in der Szene, und dann haben mir ein paar Leute vom Verein „Die Ackerkralle“ geholfen. Sie haben mir den Bulldog auf der Veranstaltung zerlegt – und ich habe eine neue Getriebewelle bekommen.

Der Bulldog wurde sowieso des Öfteren von anderen Menschen durchgecheckt, einfach so auf einem Parkplatz, das ist mir drei oder vier Mal passiert. Zum Beispiel stehe ich da, plötzlich hält ein Auto an, ein älterer Mann steigt aus, steht vor dem Bulldog und ist total begeistert: „Oh, ein Lanz – ich habe früher mal bei Lanz in der Werkstatt gearbeitet.“ So ähnlich ging das öfter – und ich konnte manchmal gar nicht so schnell gucken, da wurden schon die

Seitendeckel am Bulldog abgenommen, die Kurbelwelle kontrolliert und nachgestellt. Wirklich verrückt, und ich selbst hatte ja keine Ahnung. Einen Reifenwechsel oder irgendeine kleinere Reparatur hätte ich schon machen können – aber den Bulldog zerlegen oder am Getriebe etwas machen, das wäre nicht gegangen.

Zu langsam ging mir das mit dem Lanz in all den Jahren übrigens nie, im Gegenteil: Das war fantastisch! Mit dieser geringen Geschwindigkeit sich zu bewegen und die Landschaft zu betrachten, das war ja fast wie meditieren. Dieses gemütliche Dahinfahren, nicht die Kilometer zählen, sondern die Augen aufmachen und die Natur betrachten – dazu diese Musik vom Bulldog, das ist wie eine angenehme Hypnose. Ich bin sogar öfter mal in den Straßengraben gefahren, weil ich geträumt habe.

Den Bulldog bin ich jedenfalls bis 1998 gefahren, dann habe ich ihn samt Bauwagen verkauft. Denn ich hatte mich in eine Frau aus Freiburg verliebt, zu der ich gezogen und damit sozusagen sesshaft geworden bin – für vier Jahre. Anschließend war ich wieder auf Oldtimer-Treffen unterwegs und habe weiter meine Bilder angeboten: aber eben nicht mehr mit einem Trecker, sondern mit einem alten VW-Bus. Als ich den Lanz verkaufen wollte, war das auch kein Problem – ich war ja in der Szene drin und und habe sofort einen Käufer gefunden.

Es hat schon wehgetan, den Bulldog wegzugeben, aber irgendwie war das Kapitel auch gelebt und abgeschlossen nach 12 Jahren. Es war eine sehr schöne Zeit, es war sehr erlebnisreich und spannend, jeden Tag woanders zu sein und so viele Menschen kennenzulernen quer durch die ganze Republik. Überhaupt die ganzen deutschen Regionen zu erfahren, das war schon faszinierend. Die wechselnden Landschaften, die unterschiedlichen Mentalitäten, wobei ich nirgendwo so eine Gastfreundschaft wie in Bayern erlebt habe.

Ich musste abends immer schauen, wo ich die Nacht über bleibe, ich konnte nicht einfach auf der Straße parken. Oftmals habe ich dann einen Bauern gefragt, ob ich auf seiner Wiese stehen dürfe. Im Wagen selbst – der war immerhin fünf Meter

Egal in welcher Größe: Einen Lanz Bulldog zu malen, will auf jeden Fall gelernt sein.

Auf der Alsfelder Messe kann man dem Maler seit vielen Jahren über die Schulter sehen.

lang – hatte ich ja alles drin. Da gab es eine Küchenhexe, und ich konnte kochen; es gab einen Ofen zum Heizen – und für Strom hatte ich eine Solarzelle aufs Dach montiert. Außerdem konnte man vom Traktor auch die Batterie nutzen für eine Glühbirne oder ein Radio. Also, ich lebte da ganz normal auf zehn Quadratmetern und war autonom. Zum Duschen habe ich eine Campingdusche benutzt, die habe ich einfach an einen Baum gehängt – und zum Wäschewaschen bin ich auf einen Campingplatz gefahren. Die Leute da waren immer nett und interessiert und wollten mit mir reden, wenn ich mit meinem Gespann gekommen bin. Überhaupt war ich oft eine Attraktion mit meinem Lanz-Gespann, wenn ich mit meinem Berliner Kennzeichen am Bulldog nach Hamburg hoch oder nach Rosenheim herunter gefahren bin. Auf den Treckertreffen habe ich auch oft Urkunden und Auszeichnungen bekommen – für den schönsten Bulldog oder die weiteste Anfahrt.

Mittlerweile lebe ich in Mecklenburg-Vorpommern, wollte eigentlich auch schon lange mit der Traktorszene abschließen und nur noch das malen, was ich ursprünglich mal gemacht habe – Landschaften und Portraits. Aber ich habe weiterhin immer wieder Trecker-Kunden von überallher. Zurzeit arbeite ich beispielsweise an einem Bild für einen Mann, der mit seinem alten Lanz von Schlesien nach Westdeutschland geflüchtet ist. Ich habe von ihm ein Foto bekommen von seinem damaligen Bulldog und dem Bollerwagen hintendran – und da mache ich jetzt ein Bild, wie er mit seinem Lanz, dem Anhänger und seinem Hab und Gut wie Kanonenofen, Schrank, Standuhr und Gummibaum von Schlesien kommt. Außerdem bin ich nach wie vor noch regelmäßig auf der Messe in Alsfeld. Dafür habe ich ein gewisses Repertoire an Bildern, und bekomme gleichzeitig aus allen Richtungen meine Aufträge – ob es nun um Deutz, Fendt, Porsche, Hanomag oder Lanz Bulldog geht.

Wenn ich ein Treckerbild male, mache ich vom Traktor zunächst immer eine Vorzeichnung mit Kohle oder Bleistift. Dann kommt die erste Untermalung und die Schatten werden gesetzt, und später wird das Bild komplett ausgearbeitet. Wie arbeitsintensiv ein Bild tatsächlich wird, hängt vom Motiv ab. Wenn ich jetzt einen 15er Deutz male, ist das viel leichter, als wenn ich einen Lanz Bulldog male, der viele einzelne Details hat. Die Schwungräder, der Schornstein – da ist viel mehr dran zu sehen und das muss für das Bild ja alles berücksichtigt werden.

Einen Bulldog zu malen, ist eine besondere Herausforderung. Als ich das erste Mal ein Wandbild gemalt habe, das war drei mal vier Meter, da hatte ich wirklich Schweißperlen auf der Stirn. Denn plötzlich in solch einer Größe zu arbeiten, ist etwas sehr Spezielles. Um die Proportionen richtig zu setzen und das Bild interessant darzustellen, muss man schon fast eine technische Zeichnung anfertigen.

Jedenfalls habe ich viele, viele Traktoren gemalt – vor allem den Lanz, ob nun als Glühkopf oder als Halb- oder Volldiesel. Oft wollten die Kunden ihren Bulldog auch an der Hauswand oder an der Wohnzimmerwand verewigt haben, manchmal sogar im Schlafzimmer. Überhaupt will ja jeder Kunde sein Bild möglichst individuell gemalt haben. Da muss dann auch das eigene Haus oder Anwesen zu erkennen sein, das eigene Pferd oder die eigenen Kühe. Ich setze auch die Person des Kunden mit ins Bild, wenn das gewollt ist.

Also, wenn ich allein an die ganzen Sägeblätter, Garagentore und Wandmalereien denke – ich habe bestimmt an die 1.000 Bilder nur mit dem Bulldog gemalt. Zeichnen und Malen war und ist eben meine Leidenschaft – bis heute!

Einige mögen es großformatig: Ein Lanz Bulldog passt eben auch auf ein Garagentor.

„Von wegen Männersache!“

LANZ-FRAUEN IN STECKBRIEFEN

In den 1950er Jahren waren sie kaum auf der Straße zu sehen – Frauen hinter dem Lenkrad eines Traktors. Das hat sich jedoch geändert: Mittlerweile fahren sie Schlepper wie die Männer und sind damit auf dem Acker ebenso unterwegs wie zu Oldtimertreffen. Auch mit dem Lanz Bulldog können sie ganz selbstverständlich umgehen – beim Fahren ebenso wie beim Schrauben oder Restaurieren. Und sie sind sich einig: Frauen und Lanz – das passt ganz wunderbar zusammen.

JASMIN Jahrgang: 2001
Wohnort: Kreis Pinneberg, Schleswig-Holstein
liebt Lanz Bulldog seit ihrem 10. Lebensjahr
Lieblings-Lanz: Halbdiesel D5006 und D2016

Als ich zehn Jahre alt war, kam ein Kumpel mit seinem Lanz Bulldog zu Besuch, und ich durfte das erste Mal damit fahren. Einige Zeit später bekamen wir dann einen eigenen Lanz – den D2016. Ich pflüge gern mit dem Lanz und fahre damit auch zu Treffen. Am liebsten aber schraube ich an den Bulldogs und restauriere sie. Mich fasziniert am Lanz der große Hubraum auf einem Zylinder, der seidenweiche Klang im Leerlauf und das donnernde Gewitter unter Last. Außerdem reizt es mich, dass ein Bulldog immer viele Benutzeraktionen erfordert, sei es beim Starten oder beim Fahren. Das aufregendste Erlebnis mit dem Lanz hatte ich auf einer Autobahnbrücke: ein Auspuffbrand. Und mein schlimmstes Erlebnis war, als die Abregeldrehzahl meines frisch restaurierten Glühkopfs noch nicht richtig eingestellt war. Frauen können doch genauso gut mit einem Lanz Bulldog umgehen wie Männer – manchmal sogar viel besser. Das ist keine Frage des Geschlechtes, sondern man muss einfach nur Freude an der Materie haben.

INGA Jahrgang: 1983
Wohnort: Landkreis Hameln-Pyrmont, Niedersachsen
liebt Lanz Bulldog seit Anfang 2000
Lieblings-Lanz: Pampa TO1 (argentinischer Lizenznachbau)

Die Faszination Lanz (Glühkopf) hat schon immer in mir geschlummert – aber der ausschlaggebende Auslöser war dann das Treckertreffen in Esperde 2015. Dort habe ich das erste Mal einen Pampa gesehen, und das war Liebe auf den ersten Blick. Mit meinem Pampa fahre ich am liebsten quer durch das Weserbergland zu verschiedenen Treckertreffen. Das Besondere an einem Lanz, speziell am Glühkopf, ist für mich übrigens der unverwechselbare Klang. Das schönste Erlebnis war meine unvorhergesehene Teilnahme bei der NDR-Sendung „Treckerfahrer dürfen das“ mit Sven Tietzer. Es gibt übrigens kein Argument, was dagegenspricht, dass auch Frauen Lanz Bulldog fahren können. Im Gegenteil, so kann eine Frau diese Leidenschaft mit ihrem Partner teilen.

RENATE Jahrgang: 1944
Wohnort: Landkreis Ludwigsburg, Baden-Württemberg
liebt Lanz Bulldog seit 1955
Lieblings-Lanz: D7506, Baujahr 1936 sowie der D1506

Ich war erst 14 Jahre alt – das war also in den 1950er Jahren – als ich das erste Mal mit einem Lanz gefahren bin. Und über all die Jahrzehnte hinweg bin ich auch immer wieder mit ihm unterwegs gewesen – vor allem bin ich auch gern zu Treckertreffen gefahren. Allerdings habe ich auch mal eine sehr brenzlige Situation erlebt. Da habe ich beim Glühkopf die Abschleppstange an den Kopf bekommen – das war ganz schön schlimm. Insgesamt hat mir das zwar einen Schrecken eingejagt, danach hatte ich aber trotzdem keine Angst und bin immer wieder gern auf den Bulldog aufgestiegen. Und warum sollte eine Frau auch keinen Lanz fahren! Ich finde es jedenfalls toll, dass Frauen bei diesem Thema eben nicht nur am Rande stehen. Trecker und im Speziellen der Lanz Bulldog sind überhaupt keine Männersache. Und der Lanz ist eben toll, weil es von ihm gar nicht so viele gibt.

VANESSA Jahrgang: 2003
Wohnort: Landkreis Aurich, Niedersachsen
liebt Lanz Bulldog seit ihrem 13. Lebensjahr
Lieblings-Lanz: Glühkopf

Ich fand die Lanz Bulldogs schon immer sehr cool, vor allem auf Treckertreffen, wenn die Schlepper alle am Pflügen sind. Darum wollte ich selbst auch einen haben – und vielleicht mal so etwas mitmachen. Ein Lanz ist einfach etwas Besonders. Den hat nicht jeder – und darum wollte ich ihn haben. Mein schönstes Erlebnis war der Moment, als ich den Glühkopf selbstständig anmachen konnte – ich hätte nie gedacht, dass ich das irgendwann mal schaffe. Mittlerweile fahre ich am liebsten zu Treckerveranstaltungen – und manchmal bastele ich auch ein bisschen an meinem Bulldog. Ich persönlich finde das cool, wenn Frauen mit dem Lanz umgehen und fahren können. Das ist ja nicht nur Männersache – Frauen können das genauso gut!

SARAH Jahrgang: 1997
Wohnort: Landkreis Nordfriesland, Schleswig-Holstein
liebt Lanz Bulldog seitdem sie „Papa“ sagen kann
Lieblings-Lanz: D2016

Mein Vater hatte seit seiner Jugend einige Oldtimer, und irgendwann kamen dann auch verschiedene Lanz-Modelle hinzu. So hatten wir schon immer Bulldogs in der Familie, und ich bin mit ihnen aufgewachsen. Als ich etwa elf Jahre alt war und an die Pedale kam, durfte ich auch endlich mit ihnen fahren. Wir arbeiten auch mit den Bulldogs, säen und ernten mit ihnen – am liebsten fahre ich aber einfach bei gutem Wetter eine Abendrunde zum Pferd oder zu Freunden. Der Klang von den Bulldogs ist einfach super, wenn der Zylinder so knallt. Und je größer der Lanz ist, desto schöner ist auch der Klang. Auch, wenn die meisten Männer eher für robuste Sachen zu haben sind – und der Lanz ist ja eher auch robust – ist dieser Trecker einfach so ein Wunder, dass er uns Frauen definitiv ebenso gut steht.

ANN-KATHRIN Jahrgang: 1987
Wohnort: Hamburg
liebt Lanz Bulldog seit 2006
Lieblings-Lanz: Verkehrsbulldog D7521

Auf den Bulldog bin ich durch meinen jetzigen Mann gekommen, der schon seit langer Zeit Trecker hat. Ich fahre sehr gern zu Treckertreffen; mir geht es aber auch darum, altes Gut zu erhalten und zu pflegen. Am meisten begeistert mich die Technik am Lanz. Man muss schon Geduld und Kraft investieren, um später losfahren zu können. Und der Lanz-Sound ist einfach Musik in meinen Ohren. Mir ist auch mal etwas Besonderes auf einem Erntedank-Umzug passiert. Da war ich als Fahrerin mit meinem Lanz dabei und plötzlich ist mir der Bulldog im Stand ausgegangen. Aber ich bin dann eben abgestiegen und habe ihn einfach wieder angedreht – ganz allein und ohne männliche Hilfe. Das war für mich ein besonders schönes Erlebnis. Es ist schon anstrengender, einen Lanz zu fahren als manch anderen Trecker – aber es ist machbar. Und in meinen Augen können das Frauen genauso gut wie Männer.

Pampa, Ursus & Co

Der Lanz Bulldog war als Schlepper nicht nur in Deutschland begehrt: Die einfache Bauart und der geringe Kraftstoffverbrauch konnten auch Landwirte in anderen Ländern begeistern. Mehr als 20 Prozent der Mannheimer Trecker gingen in alle Welt, gleichzeitig kam es auch zu Nachbauten – mit und ohne Lizenz.

DER ARGENTINIER

Der argentinische Pampa TO 1 entspricht exakt seinem Vorbild, dem Nachkriegs-Lanz D1506 – wobei er später mit 60 PS sowie den sogenannten Muschelkotflügeln ausgestattet worden sein soll. Bis zum Produktionsende im Jahr 1956 sind in Argentinien rund 3.800 Fahrzeuge vom Band gelaufen. Ob es sich beim Pampa überhaupt um einen Lizenz-Nachbau handelt, ist umstritten. Gut zu erkennen ist er auf jeden Fall an seiner – für Lanz untypischen – Lackierung in hellem Orange.

DER AUSTRALIER

Australien galt vor dem Zweiten Weltkrieg als wichtiger Abnehmer von Lanz-Traktoren. Nach Kriegsende durften aufgrund von Exportbeschränkungen jedoch keine Lanz mehr verschifft werden – und so produzierte der australische Importeur Kelly & Lewis einen eigenen Lanz-Nachbau. Als Grundlage diente der D8506, der 1949 als „KL-Bulldog" auf den Markt kam – allerdings mit so gravierenden Herstellungsmängeln, dass man bei anfallenden Reparaturen lieber auf Originalteile von Lanz zurückgegriffen haben soll. 1953 wurde die kleine Produktion des KL-Bulldogs eingestellt; auf Treckertreffen ist dieser Lanz daher eine Seltenheit.

DER FRANZOSE

Als erster Lizenznachbau gilt der französische „Le Percheron": Der Nachbau vom Lanz D7506 wurde von 1939 bis 1943 in der Nähe von Paris produziert und unter dem Namen „Le Percheron T 25" verkauft. Nach dem Zweiten Weltkrieg wurde der „T 25 R" hergestellt, allerdings im Rahmen von Reparationszahlungen ohne Lizenzgebühren. Von beiden Fabrikaten sollen insgesamt um die 3.200 Stück gefertigt worden sein.

DER POLE

Auf Bulldog-Treffen ist er der bekannteste Nachbau: der Ursus C45. Das Traktorenwerk Ursus übernahm in der Nachkriegszeit zunächst die Ersatzteilversorgung für Lanz-Schlepper, die zuvor nach Polen und in die Sowjetunion exportiert worden waren. 1947 stieg der Bedarf an robusten Traktoren im Ostblock dann so stark an, dass Ursus den D9506 in Polen nachzubauen begann. 1956 überarbeitet, nannte er sich fortan C451 und wurde noch bis 1965 gebaut. In den polnischen Ursus-Werken sollen bis zu 60.000 Lanz-Nachbauten hergestellt worden sein – ganz ohne Lizenz-Vertrag, zu dem es offenbar wegen des Kalten Krieges nicht gekommen war.

Er ist der markanteste unter allen Lanz-Nachbauten: Der Pampa. Statt schwarz oder blau lackiert kommt der Nachbau des Lanz D1506 immer in knalligem Orange daher - warum das so ist, weiß aber keiner ganz genau.

DER SPANIER

Anfang der 1950er Jahre verhandelte die Firma Lanz bereits mit der spanischen Regierung über den Bau eines Traktorenwerkes. Daraufhin wurde 1955 die LISA gegründet – die „Lanz Iberica S.A." – und ein Jahr später verließ der erste Schlepper das spanische Lanz-Werk.

Kamen zu Anfang die meisten Teile aus Deutschland, wurden im Laufe der Jahre immer mehr Teile in Spanien selbst produziert. Grundlage waren die Halb- und Volldiesel-Modelle aus Deutschland, die allerdings den spanischen Verhältnissen angepasst wurden. Am bekanntesten ist der Iberica D6515, er basiert auf dem D6016, hat aber 65 PS und damit fünf Pferdestärken mehr unter der Haube als sein deutsches Vorbild. Von 1956 bis 1960 waren die spanischen Nachbauten blau-orange lackiert, bekamen 1961 aber die grün-gelbe John Deere-Lackierung, da auch das spanische Werk an den amerikanischen Hersteller verkauft worden war. 1963 endete in Spanien die Lanz Iberica Produktion – bis dahin wurden auf der Iberischen Halbinsel mehr als 17.000 Bulldogs gebaut.

Trotz aller bürokratischen Hindernisse: 1971 war es so weit, der erste Lanz Bulldog stand auf dem Hof. Rechts im Bild Vater Paul.

„Eine Zugmaschine in Privatbesitz war damals ein kleines Wunder."

GÜNTER, GLÜHKOPF-SAMMLER AUS SACHSEN

Jahrgang 1937, diplomierter Landwirt und studierter
Pädagoge, hat ab 1991 einen eigenen Nebenerwerbshof geleitet und wohnt im Bundesland Sachsen.

Mein Vater hatte einen Bauernhof und kaufte sich 1939 einen 20 PS Lanz, da war ich gerade mal zwei Jahre alt. Insofern bin ich quasi mit Treckern aufgewachsen. Und 1945, als mein Vater noch in Kriegsgefangenschaft war, bin ich das erste Mal diesen Lanz gefahren. Dann kam mein Vater aus der Gefangenschaft zurück und hat die Landwirtschaft noch bis 1961 betrieben. Wir hatten damals 25 Hektar Land und einige Kühe, Rinder, Schweine – also eine ganz traditionelle Landwirtschaft, wie sie damals üblich war.

1961 bin ich von zu Hause weggegangen, der Lanz ist auf dem Hof meines Vaters geblieben, später von der LPG mit übernommen worden – und nie wieder aufgetaucht. Und ich selbst habe mir erst 1971 den ersten eigenen Lanz Bulldog gekauft. Das war ein 20 PS D3506er, ein Glühkopf – fast das gleiche Modell wie früher zu Hause. Deswegen hatte ich auch alles darangesetzt, diesen Trecker zu kaufen. Das war damals allerdings eine große Ausnahme, denn eine Privatperson bekam zu der Zeit keine Genehmigung für einen eigenen Trecker. Niemand durfte sich einen Trecker kaufen und ihn zulassen. Aber mir ist es durch List und Tücke gelungen, den Bulldog zu kaufen. Ich habe ihn von einer LPG bekommen, die wussten da einfach nicht mehr, was sie mit dem Lanz anfangen sollten. Der Bulldog war allerdings völlig heruntergewirtschaftet und schrottreif, der wurde zuletzt sogar ohne Öl gefahren – solange, bis er einfach stehengeblieben ist. Diesen Bulldog habe ich lange repariert, anschließend wurde er mir sogar auch zugelassen – allerdings mit der Einschränkung, ihn nur im Umkreis von fünf Kilometern zu fahren.

Warum ich 1971 unbedingt einen eigenen Bulldog haben wollte, ist schwer zu beantworten. Ich war nun einmal irgendwie auf Lanz spezialisiert, und hatte nach den langen Jahren meiner verschiedenen Ausbildungen wieder etwas mehr Zeit; außerdem war mein Drang zur Technik nach wie vor vorhanden. Ich wollte etwas Eigenes, etwas Traditionelles und Wertvolles – und hatte Lust darauf, so einen Lanz wieder in Gang zu bringen. Einen anderen Trecker zu kaufen, stand für mich damals überhaupt nicht zur Diskussion. Als Kind Lanz kennen gelernt und Lanz gefahren – da kann es auch nur ein Lanz sein, den man sich später als eigenen Trecker kauft. Für andere Treckertypen hatte ich jedenfalls gar keine Augen und kein Ohr, für mich musste es eben ein Lanz sein – und es ist mir damals ja auch geglückt, einen zu bekommen.

1961 habe ich geheiratet und bin zu meinen Schwiegereltern gezogen, die waren auch landwirtschaftlich tätig und in der LPG Typ 1. Doch mein Schwiegervater hatte damals nur Pferde als

Auf dem Acker zeigt Günter, was sein Bulldog alles kann.

Zugkräfte. Das war für mich ein enormer Rückschritt, denn ich kam ja vom elterlichen Treckerbetrieb und war plötzlich wieder auf einem Hof mit Pferden. Und schon deshalb wollte ich unbedingt eine Zugmaschine haben, und das konnte für mich nur ein Lanz sein. Ich habe immer auf dem Dorf gelebt, und auch 1971 gab es ja noch die LPG Typ 1. Das heißt, die Bauern hatten zum Teil noch ihren eigenen Viehbestand, ihre eigene Futterfläche und ihre eigenen Maschinen – und dazu gehörten die Trecker natürlich auch, sofern die LPG sie nicht benötigte.

Die LPG brauchte noch die sogenannten Grundmittel, um die Felder bestellen zu können, und da mussten die Zugmaschinen als Inventarbeitrag in die LPG mit eingebracht werden. Das war damals eine Summe pro Hektar von 500 Mark, die die Landwirte mit einbringen mussten: in Form von Maschinen, Geräten, Gebäude oder Vieh – je nachdem, was die LPG brauchte. Insofern gab es kaum Bulldogs in privater Hand, es war alles verstaatlicht. Eine Zugmaschine in Privatbesitz war für die damaligen Verhältnisse eigentlich ein kleines Wunder! Aber ich durfte eben nur im Umkreis von fünf Kilometern mit dem Bulldog fahren – es wurde befürchtet, dass ich damit irgendwelche Geschäfte für andere mache. Der Bulldog sollte nur für den Eigenbedarf dienen. Privateigentum an Produktionsmitteln war ja in der damaligen DDR eigentlich verboten. Ich habe trotzdem mit dem Lanz längere Fahrten unternommen, beispielsweise habe ich aus Brandenburg Sand transportiert, den wir zum Bauen brauchten. Und natürlich habe ich auch bei der Feldbestellung bei meinem Schwiegervater mitgeholfen.

Der Bulldog war anfangs, als ich ihn bekommen habe, total hinüber – er war restlos kaputt und auch das Pleuellager war ausgebrannt. Mit Ersatzteilen war es damals natürlich sehr schwierig. Neue Ersatzteile gab es kaum, deshalb habe ich eben herumgesucht, wo noch ein alter Lanz in der Ecke stand, der auch kaputt war und nicht mehr genommen wurde. Und den habe ich dann als Schrott gekauft und daraus Ersatzteile gewonnen. Also nach dem Motto: „Aus drei mache einen!" Diesen Lanz habe ich übrigens heute noch, der ist ordentlich angemeldet mit grünem Kennzeichen für die Landwirtschaft.

Natürlich habe ich damals auch gespürt, dass mir dieser Trecker zum Teil schon etwas geneidet wurde. Da wurde schon mal über mich hergezogen oder so geredet wie: „Na ja, du bist ja wohl etwas Besonderes." Solche Leute gab es, und manche haben mir dann auch Systemfreundlichkeit unterstellt, weil ich ja Lehrer war. Dabei war ich gar nicht in der Partei. Aber das musste ich eben

Gern auch für Hochzeiten gebucht: der 25er Allzweckbulldog. Standesgemäß auch der Fahrer.

irgendwie verkraften und habe mir dann gedacht „Ihr könnt mich mal gerne haben." Und mit einer gewissen Gleichgültigkeit habe ich dann eben mein Ding gemacht, so wie ich es wollte.

Ich habe bei meinem Lanz ein paar Dinge eingebaut, die ich für den praktischen Betriebseinsatz brauchte: zum Beispiel einen Doppelkolbenkompressor als Luftpumpe. Den hatte ich von einem Ikarus-Bus – und den habe ich noch heute hintendrauf. Aber eine Hydraulik, zum Beispiel von Belarus, habe ich nicht eingebaut – so weit wollte ich ihn nicht verschandeln. Diesen Lanz habe ich bei meinem Schwiegervater jedenfalls oft auf den Feldern eingesetzt. Da habe ich gepflügt und gegrubbert, und im letzten Jahr habe ich damit sogar Getreide gebunden. Statt dafür Pferde einzusetzen, habe ich den Bulldog genommen und den Pferde-Mähbinder damit gezogen. Anbaugeräte gab es für den Lanz bei uns damals ja nicht, es gab nur Anhängegeräte, wie beispielsweise den Zweischar-Anhängepflug oder den Grubber oder eine Egge und so weiter. Wir sind mit dem Lanz aber auch oft auf dem Feld versunken, wenn wir zu früh begonnen hatten im Frühjahr. Durch die Schwingungen des Motors geht das Versinken sehr schnell.

1974 wurde die Umwandlung des LPG-Typs I in eine LPG-Typ III befohlen. Die Arbeit mit meinem Lanz auf dem Feld wurde dadurch beendet. Allerdings habe ich mir später einen Drei-Tonnen-Anhänger besorgt, ihn repariert, und bin mit ihm dann mehr oder weniger heimlich für Nachbarn und Verwandte Transporte gefahren.

Insgesamt hatte ich später vier Glühköpfe: zwei mit 20 PS und zwei mit 25 PS. Bei der Nummer 2 war das so: Da hat mir ein Bekannter gesagt: „Du, es gibt hier jemanden, der hat noch Reste von einem alten Lanz in einem Hühnerstall herumstehen.“ Und da bin ich dann sofort hin, habe mir das Gefährt angeschaut – das war auch wieder ein D3506 – und dieser Lanz war total ausgeschlachtet. Der Kolben war weg, die Kurbelwelle war weg, Regler, Schwungräder – alles nicht mehr da, nur die Räder waren noch dran. Und den habe ich dann als Schrott gekauft, und es hat sechs Jahre gedauert, bis der fahrbereit war. Ich habe tagsüber in meinem Lehrerberuf gearbeitet und abends bis Mitternacht alles repariert – mit Geduld und Energie.

Meine Frau war damit natürlich nicht so richtig einverstanden. Die fragte mich dann auch mal „Wen hast du eigentlich geheiratet – den Trecker oder mich?“ Zu der Zeit hatte ich auch noch einen großen Bulldog in Aussicht – der war auch Schrott, und den hätte ich natürlich auch wieder länger zusammenbauen und reparieren müssen. Das habe ich dann meiner Frau erzählt und da hat sie gesagt: „Wenn du den hierherholst, dann sind wir geschiedene Leute!“ So bin ich ins Grübeln gekommen und habe es dann mit dem großen Lanz lieber gelassen. Aber später hat sie es bedauert, dass sie sich da durchgesetzt hatte – deshalb habe ich eben auch bis heute keinen großen Bulldog, sondern nur Kleine.

Lanz Nummer 3, das war schon nach der Wende. Da hat mich mal jemand aus der Nähe von Dresden angesprochen – der hatte von mir gehört, dass ich ein bisschen was vom Lanz verstehe. Er hatte

800 Jahre Zabeltitz, Schaufahren der Familie mit ihrer Lanz-Flotte: ein 25er Straßenbulldog, ein 20er D3506, ein 25er Allzweck und der 20er Lanz mit Mähbinder.

einen Bulldog bei sich stehen, den er gern verkaufen wollte; wusste aber nicht, welchen Preis er verlangen sollte. Ich habe ihm also zugesagt, dass ich mich bei ihm melde, wenn ich mal in der Dresdner Gegend sein sollte. Als es dazu dann kam, habe ich mir den Bulldog angeschaut. Das war ein 25 PS Transport-Lanz mit Auspuff nach unten, ein Glühkopf. Ich habe dem Verkäufer geraten, so zwischen 7.000 und 9.000 Mark dafür zu verlangen – und damit hatte sich die Sache für mich erledigt. Doch zwei Wochen später rief er bei mir an, erzählte mir, dass sein Käufer abgesprungen sei und fragte mich, ob ich den Lanz nicht selbst haben wolle. Nach einer Woche Bedenkzeit habe ich den Bulldog tatsächlich auch erworben. Der hatte aber 15 Jahre lang draußen unter einem Dach gestanden, der sprang zwar gleich an, wurde dann aber immer langsamer – und es stellte sich heraus, dass das ganze Ölsystem voll Wasser war. Den habe ich dann also auch zerlegt soweit nötig, habe ihn repariert und wieder zusammengesetzt, angeheizt und angeworfen und vorsichtig im Stand laufen lassen – und so geht der heute noch, das ist ein ganz tolles Fahrzeug.

Und dann kam Nummer 4. Das ist ein Allzweck mit 40 Zoll Speichenrädern und 25 PS. Auf den bin ich durch eine Anzeige aufmerksam geworden, da wollte jemand gebrauchte Lanz-Teile verkaufen. Als ich zum Verkäufer hingefahren bin, da standen im Garten lauter kaputte Trecker herum – das sah aus wie ein Schrottplatz auf Privatbasis. Mir ist gleich ein Getriebe aufgefallen, und da hatte ich schon im Blick, mit diesem Getriebe einen Allzweck zu bestücken. Wir sind uns dann einig geworden und ich habe das Getriebe geholt – und das war dann der Ausgangspunkt für den Allzweck. Es hat wieder zwei Jahre gedauert, ehe ich alles zusammen hatte, aber zu der Zeit gab es schon viele Ersatzteile auch für solche Raritäten. Von dem Allzweck soll die Firma Lanz nur etwa 600 Stück gebaut haben, wie ich mal gelesen habe. Und dieser Allzweck, der läuft eben heute noch bei mir.

So sind es also vier Bulldogs geworden. Ich kann es einfach nicht mit ansehen, dass irgendwo solche Wertstücke herumstehen und verkommen oder vielleicht sogar vernichtet werden, obwohl man daraus meistens etwas machen kann, was eine gewisse Bestätigung und Erfüllung bringt. Nach der Wende habe ich im Nebenerwerb einen kleinen Landwirtschaftsbetrieb aufgebaut, und mit den Bulldogs eben auch gepflügt, geeggt, gesät – und mit dem Mähdrescher konnte ich das Getreide auch dreschen lassen und verkaufen. Mit meinem Lanz Nummer 1 arbeite ich auch heute noch auf dem Acker, die anderen Glühköpfe nutze ich nur noch für Repräsentationszwecke – für Ausfahrten, Hoffeste und Treckertreffen.

Beim Oldtimer-Pflügen macht ihm kaum einer was vor: Günter mit seinem Venzki Zweischar-Anhängepflug 2001 in Skäßchen.

Für mich muss es jedenfalls Lanz sein. Ich bin ja als Kind mit keinem anderen Treckertyp in Berührung gekommen – und das hat wohl dazu geführt, dass ich von dem Lanz einfach nicht mehr weggekommen bin. Ich habe mich zwar für andere Trecker hier und da auch mal interessiert, aber niemals so, dass ich einen haben wollte. Am meisten begeistert mich am Lanz die Einfachheit und die Schönheit auf seine Art. Die ganze Historie vom Lanz, die Entwicklung bis 1957, und die Bulldogs, die heute noch existieren – das ist so etwas Besonderes und Schönes. Der Lanz ist einfach ein Stück deutsches Kulturgut!

Der echte Lanz bedeutet für mich: zwei Tonnen Guss, eine halbe Tonne Schrauben, vier Räder, ein

Selbst die Enkelin ist vom Lanz begeistert.

Tank – und ein Fahrer, der alles kann, was mit dem Lanz zusammenhängt. Nein, im Ernst: Der richtige Lanz ist für mich ein Glühkopf, der gut anspringt, viel Leistung bringt und auch auf der Straße eine gewisse Geschwindigkeit hervorbringt – so wie der Allzweck. Und Lanz ohne Glühkopf, das kann ich mir nicht vorstellen. Ein paar Herausforderungen gibt es beim Glühkopf natürlich auch. Neben dem richtigen Kuppeln und dem Anheizen mit der Lötlampe geht es da auch ums Anwerfen. Mir ist schon mal passiert, dass ich das Lenkrad nicht herausgekriegt habe – der Motor rast los und ich kriege das Lenkrad nicht heraus. Dann heißt es, in Deckung gehen, warten, bis er wieder abtourt – wenn man ans Gas kommt – und aufpassen, dass man nicht irgendwie Teile vom Lenkrad oder das gesamte Lenkrad an den Kopf kriegt. Ich habe das eben auch mal nicht herausbekommen, bin dann auch erst mal in Deckung gegangen, und als der Lanz richtig auf Touren war, flog das Lenkrad heraus, hoch in die Luft, und als es herunterfiel, zersprang es in tausend Stücke, das war aus Aluguss. Das ist natürlich auch eine Frage der Sicherheit – da kann man ja erschlagen werden, wenn man nicht aufpasst. Deshalb muss der Zapfen am Lenkrad immer gut geschmiert sein, damit man das Lenkrad aus der Kurbelwelle rechtzeitig herausbekommt.

Ein gewisser Klang muss übrigens auch dabei sein. Man hört ja auch am Klang, wie der Bulldog eben beschaffen ist – ob irgendwo etwas ausgelaufen oder ausgeschlagen ist. Also, der Klang vom Lanz ist für mich von wesentlicher Bedeutung. Und der Klang von einem Glühkopf ist einfach Musik für die Ohren!

Das schönste Erlebnis war für mich übrigens, als meine Frau noch mit 70 Jahren das Lanzfahren gelernt hat. Die eigentliche Triebfeder für sie war eine Feier im Nachbardorf – da gab es einen Umzug, und meine Frau ist den Allzweck gefahren. Ansonsten habe ich im Laufe der Zeit viel und gern Ausfahrten mit der Familie unternommen; wir sind auch zu 60, 70 Kilometer entfernten Orten gefahren. Dabei gab es auch mal brenzlige Situationen – zum Beispiel sind wir in die Lausitz zur Förderbrücke gefahren, und da hat mein Schwiegersohn während der Fahrt den Keil zwischen Kurbelwelle und Kupplung verloren. Dadurch hat die Kurbelwelle gedreht, aber das Getriebe nicht mehr. Da haben wir den Lanz gleich abgestellt, und für den Rückweg wurde er nicht abgeschleppt, sondern von einem ZE 300 geschoben. Das war für meinen Schwiegersohn eine sehr brenzlige Situation, denn der ZE 300 ist ja unheimlich schnell.

Der Lanz in drei Worten: eigenartig, schön, unübertroffen! Aber einen Lieblings-Lanz habe ich nicht, ich gehöre auch nicht zu den Fetischisten, die da einen anbeten. Ich mag alle meine vier Glühköpfe – jeder hat seine besondere Art. Aber am liebsten fahre ich meinen ersten Bulldog, die Nummer 1. Vor vielen Jahren hatte ich mal im Hinterkopf, meine Serie etwas zu komplettieren, aber ich habe deswegen nie die Welt verrückt gemacht, sondern gedacht: Sollte sich mal eine Gelegenheit bieten, auch einen großen 10 Liter-Lanz zu bekommen, dann würde ich dafür einen kleinen in Zahlung geben. Aber mit allen Mitteln habe ich dieses Ziel nie verfolgt.

Ich habe übrigens auch noch einen fünften Bulldog. Das ist aber ein Volldiesel D1106 – ein Bully, Baujahr 1957. Und vor einigen Jahren habe ich mir zusätzlich einen modernen John Deere mit 55 PS gekauft. Ich habe ja noch den landwirtschaftlichen Nebenerwerb, da will ich ordentlich pflügen und drillen – und das können mir die Glühköpfe nicht bieten. Deshalb kam der John Deere 5055 – als Nachfolger vom Lanz – noch dazu. Das war mir wichtig, dass ich dokumentiere: Ich bleibe bei Lanz. Seit 1981 züchte ich übrigens auch Bienen und habe einen Bienenwanderwagen. Um den zu rücken und zu transportieren, sind die Lanz Bulldogs aber leider zu schwach. Anfangs habe ich noch mit dem 20 PS Lanz die zweiachsigen Bienenwagen transportiert, aber das war für Mensch und Maschine eine Schinderei. Dieser kleine Trecker und dann der große Bienenwagen – nicht luftgebremst, sondern auflaufgebremst – hintendran, das war nicht ganz einfach. Immerhin fahre ich ja weit bis nach Cottbus hoch mit meinem Bienenwagen, das sind viele Kilometer. Der moderne John Deere ist auf diesen langen Fahrten viel schneller – und natürlich auch für die Feldarbeit sehr gut.

Ich habe meine Bulldogs übrigens nicht nur repariert, ich habe sie auch gestrichen und gespritzt – entsprechend der Lanz-Farbe. Auch meinen ersten Lanz habe ich damals gestrichen – allerdings gab es zu der Zeit noch keine Lanz-Farbe, die man einfach im gewünschten Farbton bestellen kann. Stattdessen habe ich versucht, selbst Blau und Grau irgendwie zu mischen und den Ton einigermaßen hinzukriegen. Das ist mir nach vielen Versuchen auch so einigermaßen gelungen, bilde ich mir ein. Es fällt vermutlich gar nicht so auf, dass es nicht genau der gleiche Farbton ist. Und der Allzweck wurde vollkommen zerlegt, die Teile wurden stellenweise ausgewechselt und dann gestrichen. Nicht so, dass er aussieht wie neu – aber es muss ja auch etwas fürs Auge geben, wenn man so einen Trecker präsentieren will.

Ausfahrten zu Treckertreffen machen mir übrigens viel Spaß. Erst einmal die Fahrt dahin. Man sitzt im Freien, man fährt nicht so schnell wie mit einem Auto, und man kann links und rechts immer schauen, wie es auf den Feldern aussieht oder was in den Dörfern für Häuser stehen. Allein das ist schon so etwas Schönes und Erholsames. Und auf den Treckertreffen selbst begegnet man so vielen Gleichgesinnten – und man kommt mit allen ins Gespräch, wenn man das will und wenn man darauf aus ist, etwas zu erfahren oder etwas zu lernen. Und die Zuschauer zeigen freundliche Gesichter, die winken und lachen und freuen sich, das ist eine schöne Sache. Solche Treffen sind eigentlich der Kern der ganzen Oldtimerwelt – ich bin im Jahr mindestens zu zehn Treffen oder Hoffesten unterwegs. Und wenn wir hier in der Region Ausfahrten zu Treckertreffen machen, dann sind auch viele andere Oldtimer dabei, auch aus der DDR-Produktion. Als Lanz-Besitzer wollen wir uns da auch nicht irgendwie hervorheben, um dann auf andere von oben herabzuschauen – für solch eine Haltung bin ich überhaupt nicht. Die anderen haben auch eine Zuneigung oder gar Liebe zu ihrem alten Trecker, das ist richtig so, und das muss man anerkennen. Als wir mal von unserem Club aus eine Ausstellung organisiert hatten, wollte ich auch unbedingt andere mit ihren Nachbauten und DDR-Fahrzeugen einladen – damit nicht in Vergessenheit gerät, wie wir uns zu DDR-Zeiten behelfen mussten.

GLÜHKOPF-LYRIK

WILLST DU EINEN GLÜHKOPF STARTEN …

Willst Du einen Glühkopf starten,
musst Du erst mal lange warten!
Zunächst sollst Du die Lampe ja entfachen,
um die Glühnase schön heiß und rot zu machen!

Doch wird die Glühnase nicht heiß genug,
wirkt´s auf den Schlepper wie Betrug:
Das Rohöl geht zwar in den Verdampfer rein –
doch es zündet nicht, und das ist gar nicht fein!

Läuft dagegen alles gut und richtig,
wird eine andere Frage ziemlich wichtig:
Ist das Lenkrad fettig, hat es Spiel?
Sonst kommst Du ja wieder nicht ans Ziel!

Kannst Du das Lenkrad endlich mit den Händen fassen,
muss wiederum die Fingerstellung dazu passen:
Die Daumen sollten oben locker auf dem Rahmen liegen,
damit sie sich nicht in alle Himmelsrichtungen biegen!

Nun musst Du ruhig und rasch mit dem Lenkrad hantieren,
und es zur Not eben immer und immer wieder probieren!
Doch dann – welch Freude: der Glühkopf ist erwacht!
Du bist erschöpft, doch Dein Werk ist nun vollbracht!

Das ist eben des Glühkopfs ganz besondere Art –
und nun kann`s endlich losgehen – also gute Fahrt!

M. Wilk

„Ich spiele schon mit denen, nur eben im Kopf.“

Der stolze Sammler mit einer seiner Raritäten.

KARSTEN, MODELL-TRECKER-SAMMLER AUS NIEDERSACHSEN
Jahrgang 1957, wuchs auf einem Lehr-Gut auf, arbeitete als Berufskraftfahrer und lebt in Niedersachsen. Er sammelt Modell-Trecker, vor allem von der Firma Berger aus der ehemaligen DDR.

Ich bin in einer ländlichen Gegend aufgewachsen mit 13 kleinen Bauernhöfen – da liefen die Schweine noch frei herum und wühlten im Dreck. Meine Eltern und ich lebten auf einem großen Lehr-Gut, aber Landwirte waren wir nicht. Mein Vater hat auf dem Gut als Angestellter gearbeitet, wie viele andere aus dem Dorf. Auf diesem Gut wurden Getreide, Mais und Kartoffeln angebaut – alles querbeet. Das war meine Kindheit: von der Schule kurz nach Hause, gleich raus aufs Feld und auf dem Trecker mitfahren. Als ich dann neun Jahre alt war, bin ich auch schon eigenständig Schlepper gefahren, habe sogar gepflügt – da war man ein König auf dem Trecker. Insgesamt gab es sechs Trecker auf dem Gut, unter anderem den 42er Hanomag mit Frontlader und Vierschar-Pflug, den ich gern gefahren bin, einen 55er Hanomag und einen 28er Lanz Bulldog. Es gab allerdings auch noch ein Pferdegespann mit zwei Pferden zum Drillen und zum Düngen.

1967 wurde das Lehr-Gut dann stillgelegt, weil im Nachbarort ein Kanal mit Hebewerk gebaut werden sollte. Ein Schwestergut befand sich in der Nähe von Hannover – ich wollte eigentlich Bauer werden, aber Hannover war mir zu weit weg. Mein Vater hat allerdings noch weiter als Treckerfahrer gearbeitet, da bin ich auf dem Hanomag viel mitgefahren. Ich selbst bin aber kein Landwirt und auch kein Landmaschinenmechaniker geworden – ich wollte ja fahren und nicht im Öl arbeiten. Also wurde ich Berufskraftfahrer und habe hauptsächlich Salz gefahren, deutschlandweit. Und als die Saline geschlossen wurde, habe ich Berlin-Touren übernommen, da gab es noch die DDR.

Einen eigenen Trecker wollte ich eigentlich immer haben – und natürlich sollte es ein Lanz sein. Mich hatte der 28er Bulldog auf dem Gut total begeistert. Der war einfach stärker als alle anderen Trecker und zog auch mehr als die anderen. Und natürlich hatte es mir auch sein Sound angetan – einfach großartig. Dieser Einzylinder sprang immer an und sagte: „Hier bin ich!“ Mein Lieblings-Lanz war und ist der Glühkopf – aber gekauft habe ich mir nie einen. Trotzdem, im Kopf ist das immer geblieben: der Traum von einem eigenen Lanz.

Dann kam aber alles ganz anders. Ich hatte schon als Kind von meinem Vater Steiff-Fahrzeuge bekommen, also Spielzeugfahrzeuge wie beispielsweise einen Unimog mit Anhänger. Das waren überhaupt die besten Spielzeuge in der Nachkriegszeit. Es gab Bauwagen, Mischer und Trecker. Als ich größer wurde, kamen diese Sachen zwar erst mal auf den Boden – aber irgendwann habe ich alles wieder heruntergeholt und meine Begeisterung dafür war neu entfacht. Dann habe ich mich auf Flohmärkten umgesehen und begonnen, diese Spielzeugtrecker zu sammeln.

Die Berger Lanz-Modelle sind begehrt und ziemlich wertvoll. Nicht selten kostet ein Exemplar mehrere Hundert Euro.

Irgendwann bin ich bei meiner Suche dann auf einen besonderen Lanz gestoßen. Keiner wusste, woher der kam und wer den gebaut hatte – es war nur bekannt, dass er aus der DDR stammte. Über Umwege habe ich dann erfahren, dass es Lanz-Modelle von einem Herrn Berger aus der DDR waren. Kurt Berger war nämlich in der DDR ein Maschinenbauingenieur – aber tatsächlich wurde er dadurch bekannt, dass er Holzspielzeug herstellte. Und darin war er ein echter Meister.

Kurt Berger baute sich dafür 1947 in der Leipziger Region einen kleinen Betrieb auf – und die Maschinen, die er dafür benötigte, hat er teilweise einfach selbst gebaut. Für die Herstellung eines einzigen Spielzeug-Traktors waren bei ihm sage und schreibe 235 Arbeitsschritte nötig. Und so baute er voller Leidenschaft pädagogisch wertvolles Modellspielzeug wie eben Traktoren, Anhänger, Dreischarpflüge und Walzen. Kurt Berger lebte von 1918 bis 1985 und war ein passionierter Tüftler, der mit seinen Produkten auch auf vielen Messen vertreten war.

Kurt Berger errichtete seine Spielzeugfabrik 1947 im Bezirk Leipzig – und baute mit bis zu 14 Angestellten seine Holztraktoren.

Zu der Zeit, als ich das herausgefunden habe, hatte ich von ihm auch schon einen Pflug und einen Lanz mit Anhänger. Später bin ich dann über Kontakte, die ich mittlerweile in der Sammler-Szene der Steiff-Fahrzeuge hatte, an den Nachlass von Herrn Berger gekommen, der zwischenzeitlich verstorben war – das waren Regale voller Kleinteile, Bilder und Baupläne.

Die Traktordächer hat Karsten nach Plänen von Kurt Berger maßstabsgetreu fertigen lassen.

Aktuell habe ich jetzt 28 Berger-Bulldogs und zwei Berger-Raupen, andere Modelle habe ich zwischenzeitlich wieder verkauft. Alle Modellfahrzeuge, die ich habe, sind entweder Unikate oder von mir neu zusammengesetzt aus Teilen, die ich aufgekauft habe. Teilweise sind die Modelle auch restauriert, beispielsweise habe ich auch Dächer maßstabsgetreu nachbauen lassen. Ich liebe alle Modelle – aber ganz besonders einen Lanz, den der Herr Berger auf seinem Schreibtisch stehen hatte: Das ist ein echtes Unikat, eine Rarität eben, noch mit Plombe. Außerdem besitze ich auch alle

Auch im befreundeten Ausland wurden die in der DDR hergestellten Modelle vertrieben.

Gedacht als Kinderspielzeug, sind die Berger-Traktoren heute begehrte Sammlerstücke von Erwachsenen.

Unterlagen von Herrn Berger, die er einreichen musste, um seine Spielzeug-Traktoren damals in der DDR bauen zu dürfen, darunter gibt es sogar Unterlagen von 1958. Er hat ja alle Modelle selber entworfen, hat sich also alles im Original angesehen und dann nachgebaut. Seine Spielzeug-Landmaschinen waren im Osten berühmt und sehr begehrt und wurden bis nach China exportiert.

Die Berger-Modelle sind übrigens – im Gegensatz zu den Steiff-Fahrzeugen – vor allem aus Holz. In der damaligen DDR gab es ja nichts anderes, woraus man Spielzeug bauen konnte. Außerdem sind die nicht so originalgetreu wie die von anderen Modellherstellern. Zum einen sind die Berger-Modelle viel älter, zum anderen galten sie ja als Kinderspielzeug – und mussten insofern auch kindgerecht gestaltet sein. Wie viele Modelle die Firma Berger tatsächlich gebaut hat, weiß übrigens niemand. Heute sind das alles sehr begehrte Sammlerstücke, zumal es sie nicht so häufig gibt wie die Modelle anderer Hersteller. Insofern existiert auch eine Sammler-Szene rund um die Berger-Modelle.

Mittlerweile sammle ich jedenfalls seit mehr als dreißig Jahren: auf der einen Seite Modelle von Steiff – rund 20 Jahre lang war ich auch Mitglied im Steiff-Club – und eben die Berger-Modelle. Ich habe einige Berger-Modelle auch nachgebaut, zumal ich Rohlinge von denjenigen Bulldogs hatte, die bei Berger nicht fertig geworden sind. Die Metallteile, die ich dafür benötigte, habe ich von Fachleuten bauen lassen; die Holzteile musste ich natürlich schleifen und lackieren. Die Farben habe ich beim Autolackierer geholt, nach den RAL-Farben für Lanz. Zeitweise habe ich auch Einzelteile gebaut – also Zubehör- und Kleinteile, wie beispielsweise Lampen, Luftkühler oder Räder – ich habe zwischenzeitlich sogar mal 200 Räder lackiert, um die Modelle zu vervollständigen.

Die Berger-Bulldogs stehen bei mir in einer metergroßen Vitrine – und ich sehe sie mir tatsächlich jeden Tag an. Mein Sohn meint, ich spiele ja gar nicht mit ihnen – aber ich spiele schon mit denen, nur eben im Kopf. Anfassen und bewegen muss ich sie deshalb nicht, das ist etwas für Kinder.

Bis zu 235 Arbeitsschritte waren nötig, um ein Modell anzufertigen.

Ich musste auch mal schweren Herzens ganze Fahrzeuge weggeben, um in meiner Vitrine wieder Platz zu haben für Neues. Früher hatte ich von Steiff alle Fahrzeuge, aber davon habe ich vor allem die Lkw verkauft – eben um Platz für die Modelltrecker zu haben. Behalten habe ich allerdings nicht nur die Bulldogs, sondern auch die anderen Trecker wie Fendt und Hanomag – die passen gut zusammen. Fertig bin ich mit meiner Sammlung allerdings noch nicht, denn es gibt ja immer wieder etwas Neues. Ich kann einfach nicht aufhören mit dem Sammeln – das ist wie eine Sucht. Ich bin schon morgens im Internet und schaue nach, ob es neue Angebote gibt – und außerdem besorge ich mir manchmal auch passende Anbaugeräte für die Trecker, meistens aus den USA. Da gibt es viele, allerdings haben die einen sehr hohen Preis.

Eigentlich wollte ich auch mal ein Buch über die Firma Kurt Berger schreiben, aber trotz intensiver Suche habe ich keine weiteren Informationen und Unterlagen gefunden. Also habe ich mich irgendwann dazu entschlossen, im Internet ein Berger-Archiv zu veröffentlichen – mit Bildern, Videos und alten Dokumenten. Dafür habe ich meine Modell-Bulldogs fotografiert und auch kleine Videos mit den Holztreckern gemacht. Für die bin ich dann extra zu Lanz-Treffen gefahren – beispielsweise nach Brokstedt – um den passenden Ton aufzunehmen, denn ich wollte und will meine Filme natürlich mit echtem Lanz-Sound vertonen. Das Berger-Archiv im Internet betreibe ich auf jeden Fall weiterhin und werde es in Zukunft noch erweitern, denn das ist mir einfach wichtig.

Man kennt mich in der Sammler-Szene, besonders unter den Berger-Sammlern, weil ich alles habe:

Ersatzteile, Baupläne, einfach alles. Es gibt unter uns Sammlern auch Treffen und Ausstellungen, wo wir uns alle austauschen und fachsimpeln. Aber auf echten Lanz-Treffen bin ich auch sehr gern – allein schon der Geruch dort ist einfach toll. Ich freue mich mit den Lanz-Fahrern und schaue mir gern alle Bulldogs an, ob nun Halb- oder Volldiesel. Aber die Glühköpfe mag ich am liebsten. Und so, wie manche echte Bulldogs sammeln, sammle ich eben Modell-Trecker – das ist nun mal meine Welt, in der ich lebe.

Weitere Informationen zum Berger-Archiv im Internet: www.berger-archiv.de

Die Vitrine platzt aus allen Nähten. Ein Anbau ist aber schon in Planung.

Spielen verboten – nur Ansehen ist erlaubt.

Die Berger-Traktoristen lassen grüßen.

Gerhards Lieblings-Lanz: der Eilbulldog. Der D2531 wurde als Cabrio gebaut und lief in Mannheim von 1936 bis 1955 vom Band. Es gab ihn mit einem oben oder unten liegenden Auspuff.

„Auf so eine Idee kann man nur kommen, wenn man einen Vogel hat.“

GERHARD, MUSEUMS-MACHER AUS BADEN-WÜRTTEMBERG

Jahrgang 1952, lebt in Baden-Württemberg am Bodensee, war als Geschäftsführer bei verschiedenen Baumaschinen-Unternehmen tätig, sammelt Traktoren und betreibt seit 2013 das „AUTO & TRAKTOR MUSEUM Bodensee“.

Wie viele andere Treckerbegeisterte habe auch ich den Hintergrund, dass meine Großeltern selbst noch Landwirte waren und ich teilweise mit der Landwirtschaft aufgewachsen bin. Auf ihrem Hof gab es damals auch schon verschiedene Traktoren – allerdings nicht den Lanz. In unserer Region waren eher Volldiesel-Traktoren wie Allgaier und Porsche angesagt. Meine Eltern haben die Landwirtschaft nicht mehr fortgeführt, in anderen Berufszweigen war einfach mehr zu verdienen. Später kam bei mir dann mal die Zeit, wo ich dachte, ich muss „back to the roots". Und so habe ich mir einen ersten Traktor gekauft, zumal ich als Hobby nebenher schon immer ein bisschen Holz gemacht habe. Irgendwann brauchte ich noch einen zweiten Traktor mit einem Frontlader zum Anheben. 1990 waren es mittlerweile mehrere Traktoren, die ich hatte – und dann entstand im Freundeskreis aus einer Stammtischlaune heraus die Idee zu einem Traktormuseum. Aber Stammtischgespräche haben ja bekanntlich eine kurze Halbwertszeit, insofern war dieser Gedanke schnell wieder verflogen. Später hat aber einer aus diesem Freundeskreis doch wieder Feuer gefangen und gemeint, er müsse das mit dem Museum machen – und das war ich!

Auf die Idee, ein Museum zu eröffnen, kann man nur kommen, wenn man einen Vogel hat. Die Akzeptanz in der Familie war anfangs auch dementsprechend überschaubar – um das mal augenzwinkernd zu formulieren. Aber die Verrückten fragen ja nicht so viel nach anderen Meinungen, sondern setzen ihre Visionen einfach um. Im Lauf der Zeit wurden die Reaktionen in meinem persönlichem Umfeld dann immer positiver – auch wenn vielleicht die Dimensionen, die ich da verwirklicht habe, nicht immer verstanden wurden. Aber ich hatte einfach die Vorstellung, ich muss zurück in Richtung Landwirtschaft, vielleicht ein landwirtschaftliches Anwesen kaufen oder Ähnliches. Im Lauf der Zeit habe ich jedoch erkannt, dass man da viel Idylle hineininterpretiert, wenn man meint, man macht nebenher einen landwirtschaftlichen Betrieb auf. Das geht heute einfach gar nicht mehr, insofern hatte sich dieser Gedanke erledigt. Dafür entstand dann eben die Idee mit dem Museum, das auch ein bisschen Landwirtschaft mit einschließen kann.

Bei all dem übte der Lanz auf mich immer eine ganz besondere Faszination aus: durch seine Bauart, durch seinen Klang und die Art, wie man den Lanz anwirft. Und das Urige beim Lanz ist eben dieser Einzylindermotor mit dem 10 Liter-Hubraum, der einen ganz bestimmten Sound hat und niedertourig läuft – und in der Summe eine ganz simple, aber beeindruckende Technik darstellt. Allein der Klang strahlt schon die unheimliche Energie aus und die Kraft, die hinter diesem Traktor steckt. Dieses sonore, langsame Tuckern und der Geräuschpegel, wenn man Gas gibt – das ist schon etwas ganz Besonderes.

Jedenfalls fing ich dann erst mal an, mich um Bulldog-Glühköpfe zu bemühen. Dabei ist es für jeden Lanz-Sammler ja fast ein Muss und gleichzeitig eine Herausforderung, an den allerersten Glühkopfmotor zu kommen: an den HL 12, der 1921 auf der Messe in Leipzig vorgestellt wurde. Das war ja so der Startschuss für die Traktorproduktion bei Lanz – und dieses Fahrzeug ist natürlich das Highlight für jeden. Es ist zwar langsam und hat wenig PS, dennoch ist es ein sehr interessantes und begeisterndes Fahrzeug, zumal wenn man bedenkt, dass dieser Traktor nun um die 100 Jahre alt ist – und den Ursprung der Motorisierung der Landwirtschaft in Europa verkörpert.

Bulldogs habe ich jedenfalls weltweit gesucht und beispielsweise aus Südamerika oder aus Australien importiert. Gefunden habe ich die Traktoren manchmal auf Versteigerungen – aber natürlich ist man als Sammler auch irgendwann bekannt und hat Netzwerke gebildet, über die man Hinweise erhält. Und auf diese Art und Weise kommt man dann an die Fahrzeuge heran. Das geht alles Schritt für Schritt. Zuerst fängt man klein an, kauft einen ersten Traktor – man ist noch unerfahren, geht dann zum ersten Treckertreffen und lernt Leute kennen, man wird zu jemandem eingeladen, ist vielleicht in einem Verein. So baut sich das langsam auf und man tastet sich in der Szene vor.

So ging das auch mir damals. Ganz am Anfang war ich völlig unerfahren, wollte eben einen 12er Lanz kaufen und habe dann ein Zeitungsinserat entdeckt. Da wurde genau dieses Fahrzeug angeboten, und es hieß, es sei neu aufgebaut und perfekt gemacht. Ich bin also zum Verkäufer gefahren, habe mir den 12er Lanz angeschaut, und er hat mir gefallen. Er hatte zwar ein paar Messingteile, die nicht original waren, aber darüber habe ich erst mal hinweggesehen. Wir sind uns dann handelseinig geworden und ich wollte den Lanz zwei Wochen später abholen.

Als ich wieder zu Hause war, ist mir das mit den Messingteilen aber doch sehr komisch vorgekommen, nur konnte ich mir wiederum nicht vorstellen, dass jemand einen 12er Lanz komplett nachbaut. Ich hatte mir die Fahrgestellnummer notiert und habe dann erst mal recherchiert – es gibt ja Listen mit allen Fahrgestellnummern von Lanz-Traktoren, die jemals gebaut wurden. Und siehe da: Die Nummer, die ich hatte, war komplett falsch – die gab es gar nicht. Ich habe dann den Verkäufer kontaktiert und ihm davon erzählt; aber er meinte nur, es wäre vielleicht etwas falsch vermerkt worden. Ich habe dann mit Ärger gedroht, wenn sich herausstellen würde, dass das Ganze ein

Fake wäre. Irgendwann hat der Verkäufer zugegeben, dass das Fahrzeug ein Nachbau aus Polen sei, und ich habe den Kauf schnell rückgängig gemacht. Schließlich wollte ich keinen nachgebauten Lanz haben – es sollte ein echter sein, der die Spuren des Alters und des Arbeitens zeigt. So kann das aber eben passieren, danach habe ich das allerdings nicht mehr erlebt – man lernt ja dazu.

Jedenfalls habe ich mir die Traktoren immer vor Ort angeschaut und natürlich auf Herz und Nieren geprüft. Die Lanz-Modelle habe ich fast alle einer technischen Durchsicht und Restauration unterzogen – wenn man das Fahrzeug gar nicht kennt, muss man schon mal genauer hinschauen. Ich habe aber auch Fahrzeuge gekauft, die nicht gelaufen sind. Beispielsweise ging es mal um einen 8er Mops – das ist ja auch ein ganz alter Typ, den es sehr selten gibt auf der Welt und der nur 80 oder 100 Mal gebaut worden sein soll – und den habe ich genommen, obwohl er nicht lief. Er wurde dann später von uns selbst so aufgebaut, dass er wieder fahren konnte. Die Lanz-Verkäufer, die ich weltweit kennengelernt habe, waren übrigens auch ganz unterschiedlich. Einige waren Wiederverkäufer, aber in den 1980er Jahren gab es auch noch einige, die vom Urgroßvater das Fahrzeug in der Scheune stehen hatten. Mit den meisten Verkäufern im Ausland konnte ich mich jedenfalls problemlos auf Englisch unterhalten, bei anderen gab es einen Dolmetscher.

Der Sammler und Museumsstifter liebt alle Traktoren, besonders aber die Kubik-Gewaltigen. Neben Lanz-Modellen hat er deshalb auch einen Hart Parr 60 von 1916 mit knapp 10 Tonnen Eigengewicht und 38,6 Liter Hubraum.

Vom HL 12 habe ich über die Jahre mehrere Exemplare in verschiedenen Ausführungen gekauft. Ein weiteres Highlight für jeden Lanz-Sammler ist aber natürlich auch der Eilbulldog. Das ist der begehrteste Bulldog überhaupt – der größte, der je gebaut wurde, der stärkste, der beeindruckendste und mit 35, 36 Stundenkilometer der schnellste. Deshalb ist er für einen Sammler eben auch sehr interessant, da man mit ihm richtig angenehm irgendwo hinfahren kann und dabei vor Langeweile

Fein herausgeputzt und startklar – der Lanz Eiler. Ein Schmuckstück in Gerhards Sammlung.

nicht umkommt, wenn die Strecke lang ist. Dieses Modell wird heutzutage sehr teuer gehandelt, so um die 150.000 Euro muss man schon mindestens bezahlen, wenn man ihn im Originalzustand haben möchte. Für viele ist das der Lieblings-Bulldog, zumal es da auch ein Führerhäuschen mit Tür gibt. Er ist heute so begehrt, dass er komplett nachgebaut wird. Man kann alle Teile neu und nachgemacht erwerben und sich auf diese Weise selbst so einen Bulldog aufbauen.

Im Laufe von etwa zehn Jahren habe ich insgesamt 30 Bulldog-Glühköpfe gesammelt. Diese hohe Anzahl an Traktoren war schon klar auf die Museumsgründung abgestimmt, sonst hätte ich niemals so viele erworben. Die meisten der Glühköpfe habe ich aktiv gesucht, andere haben mich gefunden – das ist so eine Mischung. Natürlich habe ich mir überlegt, welche Modelle ich zur Ergänzung der Sammlung und zur Darstellung der Geschichte brauche – aber ich habe mir auch die Zeit gelassen, bis mir das passende Angebot begegnet ist. Das ist besser, als wenn man mit Gewalt einen bestimmten Typ haben will. Außerdem hat man ja auch bestimmte Ansprüche an das Exponat. Auch bei den Bulldogs gibt es viele „verbastelte" Fahrzeuge – da wurde dann ein Fragment gefunden und daraus irgendetwas zurechtgebastelt. Aber solche Fahrzeuge sind dann eben nicht original, und so etwas will kein Sammler. Insofern ist es besser, sich die Zeit zu lassen, bis man das geeignete Fahrzeug findet, das einem im Zustand und Preis zusagt.

Die 30 Lanz-Glühköpfe kommen jedenfalls aus Deutschland, Schweden, Australien und Venezuela. Eigentlich gibt es von Lanz kein Fahrzeug mehr, das ich gern noch haben möchte – meine Wünsche sind quasi alle erfüllt. Aber als Sammler mit Jägerblut kann man eigentlich gar nicht aufhören, wobei die Ansprüche im Lauf der Zeit natürlich gestiegen sind. Man versucht als Sammler ja auch, die ganzen Baureihen abzubilden – und fast alle wichtigen Typen sind im Museum auch vertreten. Die Lanz-Raupe habe ich auch – wobei man mit dem Ding nicht fahren kann, da wäre der ganze Untergrund kaputt – es ist ein schönes Exponat, aber eigentlich ein reines Museumsstück. Wir haben bei uns aber auch noch rund 15 Glühköpfe anderer Hersteller, die aus Italien, Schweden, Ungarn, Australien und aus Südamerika kommen.

Für das Museum musste ich am Bodensee übrigens zehn Jahre lang nach einem passenden Standort suchen. Meine Vorstellung war immer: Es muss ein Standort in ländlicher Umgebung mit lokalem Tourismus sein, damit es wenigstens einigermaßen wirtschaftlich dargestellt werden kann. Es gab zwar viele Höfe in Außenlage, die aufgegeben wurden – aber in den Landschafts- und Naturschutzgebieten am Bodensee durfte natürlich keine kommerzielle Einrichtung entstehen. Zu guter Letzt habe ich einen Platz in sehr schöner Lage in einem kleinen Weiler mit ein paar Häusern gefunden.

Allerdings war das Areal in Uhldingen-Mühlhofen kontaminiert und die Gebäude galten als einsturzgefährdet. Aber ich hatte mich bereiterklärt, diesen Ort von Grund auf zu sanieren. So habe ich die Genehmigung bekommen, dort anschließend das Museum zu bauen. 2011 haben wir angefangen,

So sah das Museum vor der kompletten Sanierung aus.

Ende 2012 waren wir mit allem fertig und 2013 haben wir das Museum dann eröffnet.

Bis zur Museumseröffnung hatte ich insgesamt 200 Traktoren gesammelt – neben 30 Bulldog-Glühköpfen 170 weitere Traktoren, darunter auch Halb- und Volldiesel vom Lanz, aber eben auch viele andere Marken bis hin zu amerikanischen Prärie-Traktoren. Der jüngste Trecker stammt übrigens aus dem Jahr 1970 – wobei wir da eine ge-

Auch er gehört natürlich zur Sammlung in Uhldingen-Mühlhofen: der HM 8 Mops von 1923. Optisch ist er kaum vom HL 12 zu unterscheiden. Mit nur 8 PS war der Mops kein Verkaufsschlager und wurde nur in kleiner Stückzahl hergestellt.

mischte Strategie haben. Die Lanz sind fast alle in Patina, nur ein oder zwei sind lackiert. Prinzipiell bevorzugt ja der Hardcore-Traktorsammler ein altes Fahrzeug mit Patina – also nicht vergammelt und verrostet, sondern mit einer schönen Patina. Ein hochrestaurierter Lanz oder einer mit Patina macht übrigens auch preislich einen großen Unterschied – da reden wir beim Eiler locker von 30.000 Euro Unterschied zugunsten der Patina.

Gestartet haben wir jedenfalls als reines Traktormuseum – allerdings mit dem Anspruch, mehr zu bieten als nur eine Halle mit Traktoren. Mir ging es auch immer darum, die Fahrzeuge in einem Umfeld darzustellen, das zeitlich dazu passt. Also haben wir alles mit historischen Baustoffen und alten Scheunentoren und Balken ausgebaut, wir haben ungefähr 50 Lastzüge voll Altholz verarbeitet und alles echt und funktional dargestellt. Wenn man bei uns durch das Museum geht, dann sieht man überall alte Tore, Türen und Schuppen. Außerdem haben wir auch die ganzen alten Handwerke untergebracht; beispielsweise Werkstätten von einem Fassmacher oder Schuhmacher – und immer wieder Sammlungen und Darstellungen von altem landwirtschaftlichem Gerät. Ein ganz simples Beispiel ist da die Geschichte der Gabel, die der Bauer benutzt. Für die ersten Gabeln hat man entsprechend geformte Astgabeln von Bäumen genommen, später kam der Schmied ins Spiel, der die Gabeln teilweise geschmiedet hat – bis es anschließend die kompletten Stahlgabeln gab.

Ich habe mich jedenfalls sehr intensiv mit altem Handwerk und altem Handwerkszeug auseinandergesetzt. Denn es ist faszinierend, mit welchen Mitteln früher gearbeitet wurde, wie schön und kunstvoll und mit wie viel Liebe das Handwerkszeug für jeden Beruf gemacht wurde – und wie wertvoll es war. Es wurde ja auch über Generationen vererbt. Es ging mir eben darum, nicht nur eine Aufreihung von Motoren nebeneinanderzustellen, sondern unser eigenes Konzept zu verwirklichen.

Mittlerweile haben wir auf insgesamt 10.000 Quadratmeter Nutzfläche neben den 200 Oldtimer-Traktoren auch 100 Autos sowie 50 Motorräder. Viele Besucher sind allerdings von der Abteilung Traktoren stärker begeistert als von der Abteilung Autos – und die Kenner haben schon einen Hang zum Lanz Bulldog, aber in der Summe spielt das an und für sich keine Rolle. Auf dem Areal befindet sich auch eine große Werkstatt sowie ein Depot, sodass wir auch wechselnde Fahrzeuge zeigen können. Und bis auf wenige Ausnahmen sind alle unsere Fahrzeuge, Maschinen und Geräte noch funktionsfähig. Was die Traktoren und die Art der Ausgestaltung des Museums angeht, sind wir bundesweit jedenfalls schon speziell. Es gibt zwar auch Museen mit mehr Traktoren, aber dann oft in Räumlichkeiten, in denen ein Traktor neben dem anderen steht – und wir haben eben ein ganz anderes Konzept.

Hin und wieder werden besondere Exponate der Sammlung auch im Hof des Museums präsentiert.

Oft kommt das zwar nicht mehr vor, aber manchmal bin ich doch noch mit einem Lanz privat unterwegs. Wenn man heutzutage mit dem Glühkopf zu einem Treckertreffen kommt, ist das allerdings nichts Besonderes mehr. Man sagt auch, es gibt heute mehr Lanz-Traktoren in Deutschland als zu der Zeit, als sie noch im Einsatz waren. Es gab ja viele Händler, die die Welt nach Bulldogs abgegrast haben – Südamerika war beispielsweise so ein Exportland für Lanz erster Güte – und alles, was da noch irgendwo beweglich war, wurde wieder zurück nach Europa importiert. Das Gleiche gilt für Australien, darum herrscht heute fast ein Überangebot. Das drückt sich auch in den Preisen aus, die bereits gefallen sind. Für die Eilbulldogs gilt das nicht unbedingt, aber ein Standard-Lanz aus der Nachkriegszeit hat einen gewissen Preisverfall hinnehmen müssen. Dennoch ist der Lanz auch heute noch ein Hingucker – und das besondere Highlight beim Glühkopf ist natürlich immer die Startprozedur mit der Glühlampe. Ab und zu fahre ich jedenfalls noch zu Treckertreffen – Traktorfahren macht immer Spaß, und dann vor Ort zu sein, Gleichgesinnte zu treffen und zu fachsimpeln, hat schon einen besonderen Reiz und eine besondere Atmosphäre.

Es ist überhaupt so: Wenn man einmal anfängt, sich mit dem Lanz etwas zu identifizieren und ein, zwei

DAS JOHN DEERE FORUM

Auch das John Deere Forum in Mannheim lässt die Herzen von Treckerfans höherschlagen. Es präsentiert in seiner Dauerausstellung zwar vor allem moderne Landmaschinen wie Traktoren, Mähdrescher und Häcksler – es zeigt aber auch einige alte Oldtimer von John Deere-Lanz sowie von John Deere.

Dazu gehören ein Schnittmodell des HL12 Selbstfahrers sowie ein Waterloo Boy von 1918 als erstes Schleppermodell von John Deere. Zu den größten Raritäten im Museum zählen außerdem ein sogenannter „Mops“ (Bulldog HM mit 8 PS) als Selbstfahrer, ein Knicklenker Typ HP und ein D4506, von dem es nur noch ein Dutzend geben soll.

Ebenso selten: der „unstyled Model A“ mit schmaler Vorderachse sowie das „Model R“, dem ersten Dieseltraktor von John Deere mit einem kleinen Benzinmotor als Anlasser. Und als sogenannter Youngtimer ist unter anderem auch der millionste Traktor aus der Mannheimer Produktion zu bestaunen – ein metallic-grün lackierter 6400 aus dem Jahr 1993. Da sich das John Deere Forum auf dem Werksgelände befindet, kann es nur im Rahmen einer Werksführung oder mit Voranmeldung besucht werden.

Weitere Informationen im Internet:
www.deere.de/de/kontaktieren-sie-uns/john-deere-forum

© AUTO & TRAKTOR MUSEUM Bodensee

Auf dem Museumsgelände werden alle landwirtschaftlichen Arbeiten mit historischen Traktoren erledigt – hier mit einem 20 PS Bulldog.

Traktoren kauft, dann taucht man unweigerlich in die Lanz-Geschichte ein. Und die ist schon sehr begeisternd, historisch wie technisch. Diese simple Technik mit so wenig bewegten Teilen, der Motor, in den man jeden beliebigen Brennstoff hineinkippen konnte, sowie diese hohe Leistung. Dazu die spannende Geschichte von Lanz – die enorme Entwicklung, die dieses Unternehmen als größter Landmaschinenhersteller in der Vorkriegszeit gemacht hat mit den mehr als 5.000 Mitarbeitern in Mannheim. Diese ganze Historie ist jedenfalls sehr begeisternd, und so entwickelt sich dann eben auch schnell das Faible für diese Marke. Der Lanz bedeutet für mich jedenfalls geballte Kraft – er ist einzigartig!

AUTO & TRAKTOR MUSEUM Bodensee,
Gebhardsweiler 1, 88690 Uhldingen-Mühlhofen.
Weitere Informationen im Internet:
www.autoundtraktormuseum.de

Die Ernte war das wichtigste Ereignis im Jahr und jede helfende Hand wurde gebraucht. Der spätere Jungbauer war auch dabei – wenn auch nur als Beifahrer.

„Ich bin immer noch der Einzige, der krachend durchs Dorf fährt."

HEINRICH, LANDWIRT AUS NIEDERSACHSEN

Jahrgang 1950, lebt in der Nähe von Schneverdingen (Niedersachsen), war Berufskraftfahrer, Baumaschinenführer sowie Busfahrer und betreibt Landwirtschaft im Nebenerwerb. Aktuell hat er eine Mutterkuhherde mit rund 100 Tieren sowie 150 Hektar Grünland.

Schon mein Vater hat Landwirtschaft betrieben, und 1950 – zwei Tage vor meiner Geburt – hat er seinen ersten Trecker gekauft: einen AP17, der heute immer noch auf dem Hof steht. Meinen ersten Lanz habe ich dann Mitte der 1970er Jahre erworben, als die Bulldogs sozusagen vom Aussterben bedroht und günstig zu haben waren. Ich war einfach fasziniert davon, was der Lanz alles kann. Dieser erste Lanz war ein 2816er Volldiesel und zum Ackern richtig gut zu gebrauchen, denn er hatte einen Frontlader und auch schon Hydraulik. Mit dem konnte ich die ganze Grünlandernte machen – vom Mähen bis zum Wenden. Nur zum Pressen war er etwas zu klein, deshalb habe ich später noch einen 5016er Lanz gekauft.

Meine Frau hat in der Landwirtschaft lange mitgearbeitet – und weil das Laden auf dem Wagen für sie zu schwer wurde, hat sie den Bulldog gefahren und das Heu oder Stroh gepresst, während ich auf dem Anhänger stand und die Ballen gestapelt habe. Meine Frau ist den Lanz allerdings mit gemischten Gefühlen gefahren – meinen Anforderungen gerecht zu werden, ist nämlich auch nicht immer so ganz einfach. Sie war nicht immer so genau in der Spur, und an den Enden wurde dann so gewendet, dass die Ballen nicht da ankamen, wohin sie hin sollten – na ja, das war nicht so einfach. Meine Frau fuhr natürlich nur mit geringen Geschwindigkeiten, denn je schneller der Bulldog wurde, desto anstrengender wurde das für den Fahrer. Und auf den Straßen war der Bulldog sowieso nicht einfach zu handhaben, das waren ganz schön heftige Vibrationen – und der Schlepper war auch gar nicht dafür ausgelegt, dass man schnell mit ihm fuhr.

Insgesamt habe ich fünf verschiedene Bulldogs. Der älteste ist der 12er Glühkopf, der 1921 gebaut wurde. Der ist natürlich eine besondere Rarität. Ich bin 1979 in der Lüneburger Heide auf ihn gestoßen. Da hatte ich gehört, dass in einer Ziegelei ein 12er Lanz steht, mit dem eine Wasserpumpe betrieben wurde. Denn der 12er ist ja eigentlich eine Antriebsmaschine und keine Verkehrsmaschine. Irgendwann wurde er in dieser Ziegelei nicht mehr gebraucht – und dann gingen natürlich die Diskussionen über den Preis los. Die Frau von der Ziegelei sagte zu mir: „Wenn ich dafür eine Haustür von Ihnen bekomme, dann können Sie den Lanz haben!“ Aber das war eine doppelt breite Eingangstür – so günstig war es dann also doch nicht und hat um die 5.000 Mark gekostet.

Ich hab den Glühkopf jedenfalls nach Hause geholt und in Gang gebracht. Das hat viel Aufsehen im Dorf verursacht: Viele haben gesagt, das würden wir nie schaffen. Aber wir haben ihn zum Laufen gebracht – ohne große Reparatur. Der lief aber natürlich nur sechs Stundenkilometer und war kein Schlepper zum Ackern, der wurde nur als Stand-

Per Achse ist der Gummi-Bulldog auch nach der Restauration nicht mehr unterwegs. Zu Treffen oder Ausstellungen geht es immer auf den Anhänger.

motor beziehungsweise Antriebsmaschine benutzt. Wenn man den 12er auf der Straße bewegen wollte, musste man ja eine Kette drauflegen, von der Kurbelwelle bis zum Differentialgetriebe. Jedenfalls lebt dieser 12er Lanz immer noch, ist ein festes Familienmitglied und das begehrteste Stück – auch wenn er nicht so oft gebraucht wird.

Er hat damals den Göpel ersetzt: Früher brauchte man Antriebs-Transmissionsmaschinen, das waren Göpel, die mit Pferden betrieben wurden. Und dann kam der Lanz, der HL 12 mit dem Standmotor, und hat anstelle der Pferde und dem Göpel den Antrieb übernommen. Das war schon eine enorme Erleichterung. Insofern hat der Lanz wirklich die Kraft der Pferde ersetzt.

Ich habe den HL 12 auch mehrmals auf der Tarmstedter Ausstellung gezeigt, da kommt er immer sehr gut an. Die Leute sind immer ganz erstaunt, weil sie kaum glauben können, dass solch eine historische Maschine überhaupt noch läuft und dass es so etwas noch gibt. Und natürlich ist dieser Glühkopf sehr begehrt. Vermutlich gibt es nur noch etwa 15 Exemplare davon in ganz Deutschland. Deshalb habe ich auch schon viele Kaufanfragen bekommen, aber Geld ist für mich nicht entscheidend – denn wenn der weg ist, kriege ich ihn nie wieder!

Mein zweiter Bulldog ist ein 2506, das ist ein Allzweck: ein Glühkopf, Baujahr 1950, mit einer Anwerfscheibe. Den muss man natürlich auch mit der Heizlampe vorheizen. Ich wollte ihn aber sowieso nie einsetzen, den habe ich nur als Wertzuwachs erworben. Mein dritter Lanz ist ein Verkehrsbulldog, ein 8536 mit 35 PS – das war ein Schnellläufer. Von Lanz gab es ja einen Ackerluft-, einen Verkehrs- und einen Eilbulldog. Und der 8536er ist ein Verkehrsbulldog. Der ist sehr schnell auf der Straße, hat ein schnelleres Getriebe und wurde früher auch speziell zum Transport von Milchkannen benutzt. Ich habe ihn eine Zeitlang auch noch zum Wiesenwalzen eingesetzt, aber hauptsächlich habe ich den für Treckertreffen hergerichtet und dort präsentiert. Dann habe ich von den Schmalen einen 1706 Halbdiesel, der ist aber auch nicht mehr so richtig zur Arbeit eingesetzt worden. Und mein fünfter Lanz ist ein 2416er, ein Volldiesel.

Die Nachbarn kennen mich schon lange mit meinen Bulldogs. Ich bin immer noch der Einzige, der hier krachend durchs Dorf fährt! Und in der Silvesternacht schmeiße ich den Lanz natürlich auch gern mal an, dann mit jeder Menge Lichterketten. Die Leute stehen dann an der Straße, winken und freuen sich. Das ist eine richtig gute Stimmung.

Denn der Bulldog hat etwas Faszinierendes: diese Technik ist einfach und robust, ohne große Reparaturen. Und es ist eine gewisse positive Herausforderung im Vergleich zu anderen Schleppern, auf die man sich einfach so draufsetzt. Mit dem Lanz zu fahren, das muss man schon können! Man muss auch aufpassen, dass er nicht plötzlich rückwärtsläuft. Der Lanz ist ja ein Zweitakter – und wenn die Drehzahl heruntergeht und er auf den Totpunkt kommt, dann besteht immer die Gefahr, dass er auch mal rückwärtsschlägt, also mit gleicher Drehzahl rückwärtsläuft. Und das ist an Straßenkreuzungen und Einmündungen und so weiter natürlich gefährlich – da muss man aufpassen, dass man genügend Umdrehungen hat.

Und beim Glühkopf muss sowieso erst mal vorgeheizt werden mit der Heizlampe. Also muss man mindestens eine Viertelstunde vorher mit den Vorbereitungen anfangen, um sich dann irgendwann in Bewegung setzen zu können. Das war natürlich immer eine Herausforderung. Und die Heizlampe war zwingend notwendig, um den Lanz zum Le-

Aufgereiht: die Lanz-Flotte von Heinrich. Vorn der Verkehrsbulldog – der dritte Lanz, den Heinrich sich gekauft hat.

Nicht nur auf der Straße macht der 35er eine gute Figur. Auch beim Oldtimer-Pflügen zeigt Heinrich gern, welche Kraft in dem Lanz steckt.

ben zu erwecken. Wer keine vernünftige Heizlampe hatte, bekam den Bulldog auch nicht an – denn man kann ihn eben nicht anschleppen. Aber die Einfachheit vom Lanz ist einfach faszinierend – und selbstverständlich auch sein Klang. Am schönsten klingt der 35er Glühkopf-Verkehrsbulldog. Das ist für mich sowieso der echte Lanz, weil ich mit dem alles machen kann, selbst größere Strecken lassen sich mit ihm gut überwinden. Der hat 10 l Hubraum, und der knallt richtig. Wenn die Kompression schlägt, dann gibt es eine Expansion im Zylinderkopf und dadurch entsteht dieser besondere kraftvolle Klang!

Die Bulldogs waren sowieso immer sehr leistungsstark gegenüber anderen Treckern. Wenn es in der Landwirtschaft nicht mehr weiterging, dann musste ein Lanz her. Bei uns hier im Dorf in den alten Zeiten, wenn da die Lohndrescher und die Lohnunternehmer kamen, da rannten schon alle Kinder zusammen und riefen: „Die Bulldogs kommen!“ Denn sie wurden dann vor die sogenannten Scheunendrescher gespannt. Nachteil war natürlich, dass beim Lanz immer frisches Wasser nachgefüllt werden musste. Die anderen Schlepper hatten ja ein geschlossenes Kühlsystem – aber beim Bulldog wurde das Wasser im Winter abgelassen, und wenn er zum Starten vorbereitet werden sollte, dann wurde erst mal vorgewärmtes Wasser aufgefüllt, damit man den Kolben überhaupt bewegen konnte.

Und die meisten Bulldogs haben keine Motorbremse. Das war eben der Nachteil beim Lanz im hügeligen Raum: Ziehen konnte er ganz kräftig, auch wenn er bergauf fuhr – aber wenn er mit Last bergab fuhr, dann hat man zwar Gas weggenommen, aber die Einspritzung ist nicht ganz unterbrochen worden. Und durch die Einspritzung vom Diesel wurde der Glühkopf abgekühlt, sodass er keine Zündung mehr hatte. Und dann hatte man eben das große Pech, dass er unten tatsächlich aus war, weil er abgekühlt war. Oder man hat zwischendurch angehalten und die Bremse angezogen und den nochmal wieder durchlaufen lassen. Das verlangte schon, die Technik zu beherrschen, wenn man den Lanz fahren wollte! Nicht nur raufsetzen, Gang rein und Gas geben – das setzte schon etwas mehr Technikverständnis voraus!

Durch diese rhythmischen Bewegungen beim Fahren hatte man auch keine ruhige Straßenlage, da sind auch schon mal Leute vom Schlepper gefallen. Mir ist es auch mal passiert, dass ich mit dem Bulldog umgekippt bin! Da habe ich nur für einen Moment woanders hingeschaut und wollte von unten ein Kabel wegnehmen, und plötzlich hatte ich die Straße verlassen. Der Bulldog war zu schnell, ist dann in einen Graben gerutscht und kopfüber hineingefallen. Ich hatte nur ein paar Prellungen, der Bulldog selber sah aber schlimmer aus. Er war nicht mehr fahrtüchtig, weil die Kotflügel völlig verbogen waren und am Gummi scheuerten.

Am Bulldog schrauben, das kann ich und das mache ich auch – aber ich nehme die Bulldogs nicht komplett auseinander. Allerdings muss man schon schrauben, wenn man an die Dieselpumpen heran will oder die Einspritzung nicht funktioniert – und dann ist schon handwerkliches Geschick und technisches Verständnis gefordert. Vor allem aber setze ich den Lanz gern bei uns auf dem Hof zur Arbeit ein – das ist genauso schön, wie zu Treckertreffen zu fahren und ihn dort zu präsentieren. Dafür putze ich den Schlepper vorher natürlich auch – man soll merken, dass meine Bulldog-Begeisterung groß ist und dass ich an ihm hänge und auf ihn stolz bin. Besonders gern fahre ich in Niedersachsen zum Backsberg-Treffen vom Bulldog-Club Oyten, da bin ich schon seit 1979 Vereinsmitglied. Damals waren wir eher als Exoten und Schrotthändler verpönt – die Bulldogs lagen tatsächlich oft auf den Schrottplätzen, selbst diejenigen, die noch voll funktionierten. Später sind dann immer mehr Bulldog-Clubs entstanden, und dann wurden diese Schlepper natürlich auch immer rarer und wertvoller. Zuvor waren ja die Zirkusleute mit den Bulldogs unterwegs. Der Bulldog hat quasi zwei Generationen hinter sich: Er hat eine aktive Laufzeit gehabt in der Landwirtschaft, wurde dann ausgemustert und ist auf den Schrottplätzen gelandet. Und später in den 1960er Jahren kamen langsam die Zirkusleute und haben sich die Bulldogs da rausgeholt und sind die gefahren, bis auch sie damit aufhörten.

Ich bin oft auf der Tarmstedter Ausstellung dabei, und bei mir in der Region mache ich auch einige Bulldog-Treffen mit. Die Reaktionen auf die Bulldogs haben sich im Laufe der Zeit übrigens auch geändert. Anfangs hieß es: „Will der den nicht mal wieder besser in Schuss bringen und etwas ansehnlicher machen!“ Und heute – wenn ein Lanz eben etwas anders hergerichtet wurde – heißt es eher: „Was hat er denn daraus gemacht!" Also, das Blatt hat sich da richtig gewendet mit der Zeit. Und wenn ich auf den Treffen die verchromten Bulldogs sehe, habe ich sehr gespaltene Gefühle. Muss ein Lanz so maskiert werden, um ihn besonders zu machen? Sollte man ihn nicht lieber in seinem ursprünglichen Zustand belassen? Ich finde das viel besser – und von diesen verchromten Hubmuttern und was es da alles so gibt, bin ich kein Freund. Man kann ihm mal neue Farbe verpassen und auf gute Profile stellen – aber er sollte doch so aussehen, wie er eigentlich auch ist.

Technisch topfit – aber mit Falten, auch Patina genannt.

Die Treffen sind aber immer schön – es macht natürlich Spaß, mal wieder eine Tour zu drehen. Dafür steige ich vor allem auf den Verkehrsbulldog – und natürlich muss der 12er Glühkopf mit, weil die Leute den einfach sehen wollen! Das macht schon richtig Spaß, wenn man ihn vorheizt. Da stehen die Leute neugierig um den Lanz herum und staunen über diese ganze Technik, wie die sich bewegt. Es fasziniert die Leute, dass diese einfache Bauweise so gut funktioniert – und das ohne Elektronik!

Auf diesen Treffen sieht man manchmal auch Nachbauten wie Ursus und Pampa – das sind in meinen Augen ja eigentlich Modellklauer mit Lizenz gewesen. Aber die wurden eben nachgebaut, weil das einfacher war. Solche Nachbauten sind für mich jedenfalls keine echten Lanz. Aber in den Ländern, in denen sie gebaut und eingesetzt wurden, waren diese Trecker ja genauso interessant wie die Originale. Und dass Lanz-Liebhaber die jetzt auch haben – na, das ist so etwas wie Kulturverschiebung.

Überhaupt schießen die Oldtimer-Schlepper, die jetzt so 30, 40 Jahre alt sind, förmlich aus dem Boden – und da ist ein Bulldog natürlich weit vorn.

Junge Leute können sich den heutzutage gar nicht mehr kaufen, die kommen da nicht mehr heran, denn er ist viel zu teuer. Was aber auch noch hinzukommt: Von denjenigen, die den Bulldog bei der landwirtschaftlichen Arbeit noch selbst kennengelernt haben, gibt es immer weniger. Und nicht jeder Oldtimer-Besitzer, der zu Treckertreffen kommt, kann mit dem Lanz noch etwas anstellen. Das wird immer seltener, dass es Menschen gibt, die den Lanz noch wirklich beherrschen – das wird immer mehr zu etwas Besonderem! Ebenso wie der Bulldog selbst, denn so viele gibt es nun auch nicht mehr von ihm. Es gibt überhaupt kaum Trecker, die nach 100 Jahren noch existieren!

Heinrich ist stolz auf seine Lanz Bulldogs. Besonders gern zeigt er den HL 12 – sehr zur Freude der Besucher.

DER „BUNDESVERBAND HISTORISCHE LANDTECHNIK DEUTSCHLAND E. V." (BHLD)

Der „Bundesverband Historische Landtechnik Deutschland e. V." (BHLD) in Stuttgart versteht sich als Anlaufstelle für jede Person und alle Vereine, Clubs oder Interessengemeinschaften, die sich für historische Landtechnik interessieren oder zum Erhalt dieser Kulturgüter etwas beitragen möchten.

Der Verband vertritt die öffentlichen und politischen Belange der Szene und hat gleichzeitig das Ziel, die unzähligen Aktivitäten zu koordinieren sowie einen Qualitätsstandard bei den Veranstaltungen rund um das Thema „Historische Landtechnik" zu gewährleisten. Außerdem will der Bundesverband, der 2010 als Nachfolgeorganisation der IG Hammelburg entstand, die ihm angeschlossenen Vereine und Interessengemeinschaften bei technischen Fragen und Problemen der Restaurierung sowie bei Haftungsfragen unterstützen.

Besonders bekannt ist der BHLD durch seinen bundesweiten und immer aktuellen Veranstaltungskalender mit Umkreissuche. Außerdem enthält die Homepage des BHLD eine umfangreiche Adressensammlung von Oldtimer-Clubs.

Weitere Informationen im Internet unter: www.bhld.eu

Endlich fertig restauriert und für die Erntedankfahrt geschmückt – der D3506.

„Ohne Ledermütze kann man sowieso keinen Lanz fahren!"

MIRKO, GROSSGLOCKNER-GIPFELSTÜRMER AUS SACHSEN

Jahrgang 1970, lebt im Erzgebirge in Sachsen. Er ist ausgebildeter Kfz-Mechaniker – sein Traumberuf, wie er sagt – und betreibt eine eigene Werkstatt

Als Kfz-Mechaniker zu arbeiten, war schon immer mein Traumberuf und gleichzeitig mein Hobby. Auch nach Feierabend habe ich an Autos und Mopeds geschraubt, in den 1980er Jahren gab es in der damaligen DDR auch genug zu tun, wobei man oft improvisieren musste. Wir haben die Fahrzeuge immer so umbauen müssen, dass sie hier bei uns im Erzgebirge auch fahren konnten – also bergauf und bergab, und das auch mit Anhänger. Unsere Mopeds hatten meist einen Anhänger hintendran, damit man Futter und Viehzeug transportieren konnte. Die Geschwindigkeit war zweitrangig, in erster Linie ging es um die Zugkraft – der Moped-Traktor war damals sehr gefragt.

Zu Traktoren hatte ich aber erst mal noch keinen Bezug, mir fehlte dazu auch die Zeit. 1995 habe ich mich nach meiner Meisterschule selbstständig gemacht und meinen Betrieb aufgebaut. Als das Geschäft dann lief, bin ich hier in der Gegend manchmal zu Treckertreffen von den „Bulldog Freunden Erzgebirge“ gefahren. Da habe ich Leute mit Lanz-Treckern kennengelernt, die mich fragten, warum ich denn keinen habe. Das war damals jedoch gar nicht so einfach – keiner aus der Umgebung wollte seinen Bulldog verkaufen. Aber dann habe ich in einer Zeitungsanzeige einen Glühkopf D3506 mit 20 PS von 1940 gefunden. Erst zögerte der Besitzer mit dem Verkauf, dann musste es plötzlich ganz schnell gehen. Ich habe den Anhänger an den Transporter gehängt, bin hingefahren, habe den Bulldog aufgeladen und bar bezahlt – und innerhalb von einem halben Tag stand der Lanz dann hier und war meiner! Das war im Frühjahr 2003 – seitdem gehört der Lanz mir.

Dieser Bulldog hat übrigens bis zum Ende der DDR-Zeit gearbeitet. Als ich ihn kaufte, hatte er keine Leistung mehr. Er war undicht und hielt kein Wasser mehr, das Öl lief raus und die Kupplung war kaputt – also, er war total heruntergewirtschaftet. Die Reifen waren auch heruntergefahren, dazu waren noch verschiedene Reifentypen drauf. Aber immerhin war er nicht verbaut und hatte auch noch das Originallenkrad. Ich wusste zwar, dass es viel Arbeit bedeuten würde, diesen Lanz wieder fit zu machen – aber wie viel Arbeit das wirklich ist, merkt man erst, wenn man richtig dabei ist. Ich habe vieles allein gemacht, anderes mit Hilfe von Kollegen, die schon jahrzehntelang mit Lanz zu tun hatten.

Die Restauration hat aber einige Zeit gedauert. Ende August ist bei uns immer das Lanz Bulldog-Treffen, und mein Ziel war es dann, mit dem eigenen Lanz hinzufahren. Ich habe unendlich viele Stunden hineingesteckt, bis der Lanz wenigstens fahrfähig war – beispielsweise habe ich auch die Elektrik in Ordnung gebracht, damit das Licht

Zusammengehörigkeit, Geselligkeit und „Dieselgespräche" – das gefällt auch dem Kfz-Mechaniker. Vor allem, wenn man endlich einen eigenen Lanz hat!

überhaupt ging. Das alles war ja vorher schrottreif. So richtig fertig war der Lanz zum Zeitpunkt des Treckertreffens noch nicht, aber ich war im August dann tatsächlich mit dem eigenen Lanz dabei – und natürlich ziemlich stolz. Und als der Bulldog dann komplett fertig war, bin ich mit ihm durch die Gegend und zu Veranstaltungen gefahren, so im Umkreis von 30, 40 Kilometern – man darf nicht vergessen, dass der Bulldog maximal 20 Stundenkilometer fährt.

Die Lanz-Maschine übt jedenfalls eine besondere Faszination auf mich aus: viel Hubraum und eine archaische Technik! Wenn man – so wie ich – immer mit moderner Technik zu tun hat, ist es einfach wohltuend, sich auch damit zu beschäftigen. Die Technik ist einfach, robust und massiv – mein Lanz hat 20 PS und 4,7 Liter Hubraum, das ist für so eine kleine Maschine schon beeindruckend viel. Hinzu kommt natürlich der unverwechselbare Klang – jede Maschine hat ja ihren eigenen

Klang, kein Lanz klingt wie der andere. Selbst unsere Tochter kann unseren Lanz schon von Weitem erkennen, obwohl er noch gar nicht zu sehen ist. Und für mich musste es auch ein Glühkopf sein, alles andere kam nicht infrage. Das liegt vielleicht auch daran, dass es in unserer Gegend früher nur Glühköpfe gab – als der Halb- und Volldiesel gebaut wurde, kam davon ja keiner in die DDR. Deswegen waren die Glühköpfe hier bei so manchen Bauern auch bis in die 1970er Jahre oder länger im Einsatz. Und die DDR-Trecker haben mich nicht gereizt, die waren mir einfach zu jung – ich wollte etwas Älteres haben!

Mir macht es schon Vergnügen, mit einem schnellen Auto zu fahren – das mache ich als Kfz-Mechaniker und Werkstattbesitzer auch häufig genug. Aber mit dem Lanz unterwegs zu sein, gerade nach einer stressigen Woche, ist einfach Entspannung pur! Wenn man so mit 20 Stundenkilometern unterwegs ist, macht das schon Spaß – eben anderen Spaß. Wobei das Fahren mit dem Bulldog im Erzgebirge gar nicht so einfach ist. Am liebsten fährt man da immer berghoch, das ist toll – besonders die Geräuschkulisse und wenn dann mal die Flammen aus dem Auspuff kommen. Aber den Berg wieder herunterzufahren, gerade wenn man einen Anhänger hintendran hat, ist schon speziell. Der Lanz ist mir da zu Anfang auch einmal ausgegangen. Wenn der Glühkopf kalt wird, geht ja der Motor aus – und dann steht man da. Darauf muss man seinen Fahrstil eben einrichten – nur den kleinsten Gang wählen und sich den Berg herunterschieben lassen ohne Gas zu geben, das geht nicht. Nach ein paar Metern ist die Glühnase kalt, es kommt nur noch eine weiße Wolke aus dem Auspuff – und das war es dann.

Mit dem Lanz kann man sowieso nicht einfach losfahren. Sein Verhalten ist ganz anders als das

Immer wieder ein besonderes Ereignis: das Anglühen des Lanz. Neben dem Hantieren mit der Lötlampe gilt es vor allem, den richtigen Glühzeitpunkt zu finden.

Immer gern gesehen: Mirko mit seinem Lanz bei einem Dorfumzug.

von einem Diesel-Viertakt angetriebenen Schlepper. Schon das Anlassen ist ja ein Fall für sich. Und das Fahren als solches ist Übungssache, das muss sich einspielen. Wenn die Maschine am Berg unter Last zu weit abtourt, also wenn der Fahrer zu spät schalten will, kann es passieren, dass der Motor umspringt. Dabei kommt der Kolben nicht mehr über den oberen Totpunkt und schiebt dann plötzlich rückwärts. Und so etwas muss man wissen – einfach draufsetzen und losfahren, das geht nicht immer gut.

Wir haben mit dem Lanz jedenfalls an allen möglichen Veranstaltungen teilgenommen. Auch in Leipzig sind wir gewesen – das ist eigentlich eines der größten Treffen, die es in Deutschland gibt. Und als mein Sohn noch im Kindergarten war, bin ich mit dem Lanz auch eingesprungen. Zum Erntedankfest wurden die Kinder nämlich immer mit der Pferdekutsche gefahren, aber dann wurde der Kutscher krank, und so habe ich die Kinder mit dem Lanz und einem extra gebauten Anhänger gefahren. Das wurde zur Tradition und hat eine echt gute Resonanz gefunden – ich werde sogar noch heute von Jugendlichen darauf angesprochen, die in ihrer Kindheit auf meinem Lanz mitgefahren sind.

Irgendwann bin ich dann auf die Traktor-Weltmeisterschaft in Österreich aufmerksam geworden – durch Medienberichte und Gespräche mit Bekannten, die da schon einmal mitgemacht hatten. Das hat mich sehr angesprochen. 2009 war es dann so weit und ich war das erste Mal bei der „Oldtimer-Traktor WM“ dabei, dem größten Trecker-Treffen, das immer Mitte September am Großglockner stattfindet. Das Schwierigste überhaupt ist aber erst mal, einen der Startplätze zu bekommen. Denn die sind limitiert, mittlerweile sind nur noch 500 Teilnehmer erlaubt! Und die kommen nicht nur aus Deutschland und Österreich, sondern auch aus Frankreich, Italien, Slowenien, Schweden und den Niederlanden – das ist also ganz international. Deshalb muss man sich rechtzeitig anmelden. Das geht mittlerweile online. Doch da das Portal sehr früh morgens öffnet, muss man dafür eigentlich die ganze Nacht aufbleiben – um acht oder neun Uhr morgens sind manchmal schon fast alle Plätze weg. Bei meiner ersten Teilnahme an der Traktor-Weltmeisterschaft war ich jedenfalls ziemlich aufgeregt – immerhin hatte ich auch einen gewissen Ehrgeiz, und wollte nicht einer der Letzten werden. Aber es ging mir nicht nur um den Wettbewerb als solchen. Es hat mich auch gereizt, mal im Hochgebirge zu fahren.

Die WM findet an einem Wochenende statt. Freitagmorgen beginnt es mit der Anmeldung und am Nachmittag ist schon die erste Wettbewerbsveranstaltung. Da geht es um eine Strecke von etwa fünf Kilometern, wobei die Herausforderung für die Teilnehmer gerade nicht darin besteht, der Schnellste zu sein, sondern in einer vorgegebenen Geschwindigkeit das Ziel zu erreichen. Am Sonnabend muss man dann schon gegen halb fünf aufstehen, da geht es dann ganz früh nach Ferleiten zum Start. Von dort verläuft die Strecke hoch zum Fuschertörl, das sind knapp 14 Kilometer mit einem Höhenunterschied von etwa 1.300 Meter.

Ein Traum für viele Traktorfahrer – ein Mal dabei sein, wenn es auf den Großglockner geht!

Inmitten des einmaligen Hochgebirgs-Panoramas:
Mirko hat das Ziel schon fest im Blick! Er und sein Glühkopf
haben die Strecke mit fast 2.500 Höhenmetern geschafft.

Ferleiten liegt etwa 1.145 Meter und Fuschertörl 2.428 Meter hoch. Die Strecke ist in der Mitte allerdings geteilt. Auf dem ersten Teilstück legt man sich die Zeit und Geschwindigkeit vor, und diese vorgelegte Zeit muss man dann auf dem zweiten Teilstück genau treffen. Und das ist die Kunst, in der möglichst exakten Zeit das zweite Teilstück zu bewältigen. Wie gesagt, es geht bei dieser WM nicht um Geschwindigkeit, sondern um Gleichmäßigkeit. Dabei gibt es auf der Strecke natürlich etliche Serpentinen und Steigungen um 13 %. Wir haben im Erzgebirge ja auch Steigungen – da hatte ich vorab schon mal die Geschwindigkeit getestet. Aber bei der WM am Großglockner musste ich dann feststellen, dass dort natürlich eine ganz andere Höhenlage vorhanden ist als bei uns, wir haben ja nur etwa 450 Meter. Da habe ich gemerkt, dass 20 PS Leistung dort was ganz anderes bedeutet als bei uns. Die wird eben immer weniger, je höher man kommt – also, die Luft wird im wahrsten Sinne des Wortes immer dünner und die Leistung lässt nach.

Bei einer der Wettbewerbs-Fahrten hatte ich auch Schwierigkeiten. Da hat der Bulldog in der Höhenlage mal einen Takt ausgelassen – und ich bekam Angst, am Berg stehen zu bleiben. Denn wenn der Motor aus ist, muss man ja erst mal den Fehler suchen – vielleicht ist etwas Luft reingekommen oder es gibt ein bisschen zu viel Hitze in der Einspritzpumpe. Eigentlich keine große Sache, aber wenn die Maschine aus ist und die Glühnase kalt, muss man erst mal wieder mit der Lötlampe anheizen – und das dauert eben so seine zehn Minuten. Und dann ist die Veranstaltung für einen gelaufen. Die Zeit kann man nicht mehr aufholen. Gott sei Dank ist mir das aber nicht passiert. Bei anderen Teilnehmern habe ich jedoch schon mal Ausfälle beobachtet. Bei einem ist beispielsweise der Öler kaputt gegangen oder bei einem anderen sogar mal die Vorderachse gebrochen. Wenn es auf der Strecke dann wieder runter geht, ist das Fahren sowieso eher ein Problem. Um vernünftig bergab zu kommen, muss man schon gut fahren können, damit die Glühnase nicht erkaltet und man eben nicht stehen bleibt. Deswegen haben die Veranstalter dort auch einen Abschleppdienst eingerichtet, damit keiner die Strecke blockiert. Allerdings sind die meisten WM-Teilnehmer alles alte Hasen, die ihren Lanz in- und auswendig kennen und wissen, wie man damit fahren muss! Leute, die den Bulldog noch nicht mal anschmeißen können, habe ich dort nicht gesehen.

Übrigens gibt es bei dieser WM auch keinen Massenstart. Stattdessen wird alle 20 Sekunden ein Teilnehmer auf die Strecke geschickt – bei 500 Maschinen dauert das natürlich, bis alle weg sind. Aber dadurch entzerrt sich das auf der Fahrbahn

Der Weltmeister auf der Großglockner-Hochalpenstraße: auf dem Kopf die Ledermütze, neben sich sein Sohn als Co-Piloten.

und es gibt keine gefährlichen Situationen wie beispielsweise bei der Formel 1. Die Strecke selbst ist auch für andere Verkehrsteilnehmer gesperrt, deshalb kann man auch ohne Probleme jemanden überholen, wenn man das will oder muss. Bei der WM ist aber nicht nur wichtig, dass die eigene Maschine richtig läuft – der Fahrer muss sich auch selbst gut auf die Witterung einstellen. Denn es wird immer kälter, je höher man kommt – der Gefrierpunkt ist da gar nicht weit weg. Da gilt es, Handschuhe und auch Regenbekleidung dabei zu haben – und natürlich die Ledermütze. Die ist überhaupt das wichtigste Utensil, ohne Ledermütze kann man ja keinen Lanz fahren!

Besonders fit mache ich meinen Lanz für die Veranstaltung eigentlich nicht. Die Maschine wird vor der WM einfach nur gründlich überprüft und gefahren. Aber wenn es dann losgeht, bin ich natürlich immer mit einem Ohr beim Lanz und lausche aufmerksam auf die Geräusche, ob irgendetwas anders klingt. Schließlich könnte sich durch das ganze Geschüttel ja eine Schraubverbindung lösen und dadurch etwas abfallen! Und natürlich habe ich auf dem Schlepper auch den Werkzeugkasten dabei: einen kleinen Hammer, ein paar Zangen und ein paar Schraubschlüssel – eben alles, was man so braucht für den Notfall. Es kann sein, dass man mal ein Rückschlagventil herausschrauben und reinigen muss oder die Einspritzdüse, wenn der Kraftstofffilter verdreckt ist. Und eine zweite Glühnase und eine Ersatzlötlampe habe ich sowieso immer dabei. Aber ich bin mit meinem Bulldog sehr zufrieden. Wenn ich mir noch einen wünschen könnte, dann wäre das der lange Eiler, ohne Führerhaus oder Verdeck. Mit dem würde ich dann auch gern mal die WM fahren – aber das wird wohl ein Traum bleiben, so etwas ist finanziell einfach nicht erreichbar.

Gut, dass es Leitplanken gibt!

So kann nur ein Weltmeister strahlen!

2012 habe ich jedenfalls in meiner Fahrzeug-Klasse gewonnen und bin das erste Mal Weltmeister geworden. Der Pokal steht bei mir zu Hause in der Vitrine. Insgesamt bin ich schon acht Mal dabei gewesen – und sechs Mal war ich unter den ersten drei Gewinnern. Meistens fahre ich nicht allein zur WM, sondern mit Familie und Freunden, von denen einige auch mit ihrem Lanz am Wettbewerb teilnehmen. Auf Achse fahren wir allerdings nicht nach Österreich, dazu habe ich einfach zu wenig Zeit. Wir laden den Bulldog auf einen Anhänger.

Bei dieser Weltmeisterschaft dabei zu sein, finde ich jedenfalls immer wieder total faszinierend. All die Leute, von denen ich mittlerweile viele kenne und mit denen sich auch einige Freundschaften entwickelt haben, die ganze Anzahl von Schleppern und natürlich das Bergpanorama. Im Hochgebirge zu fahren ist einfach ein unvergessliches Erlebnis und immer wieder etwas Besonderes.

Wenn es die Zeit und das Wetter zulassen, kann man nebenher auch noch einen Ausflug zur Edelweißspitze machen – außerhalb der Wertung und nur zum Vergnügen! Na ja, und jenseits von Bergkulisse, Schleppern und Leuten spielt natürlich auch der Ehrgeiz weiterhin eine Rolle – wer möchte bei der WM nicht gewinnen! Ich werde die nächste Veranstaltung jedenfalls wieder mitmachen, allerdings habe ich bald Konkurrenz aus dem eigenen Haus. Sobald meine Tochter ihren Führerschein hat, will sie auch als Teilnehmerin dabei sein – dann sitze ich nur noch auf dem Beifahrersitz.

Schon mal WM-Luft schnuppern: die Herausforderin in spe auf dem Lanz Bulldog D3506.

Der Weihnachtsmann wusste genau, was Olaf sich wünschte: einen eigenen Trecker – wenn auch erst mal nur zum Spielen.

„Ich bekomme Falten, und der Lanz kriegt Risse."

OLAF, SAMMLER AUS SCHLESWIG-HOLSTEIN

Jahrgang 1962, lebt in der Wilstermarsch in Schleswig-Holstein, und war – nach seiner Ausbildung zum Landmaschinenmechaniker – lange Jahre als Kaufmann in vierter Generation tätig.

Mein Onkel und mein Vetter lebten auf einem Gut mit einem großen Fuhrpark, und ich durfte da schon als Kleinkind auf den Schleppern mitfahren. Die Feldarbeit und ganze Technik, die sich da bewegt, hat mich immer fasziniert. Und in den Schulferien oder an den Wochenenden war ich immer dort. Wir wurden als Kinder auf dem Kotflügel mit dem Kälberstrick festgebunden, weil wir sehr klein waren und da nicht herunterpurzeln sollten – die Schlepper hatten ja früher keine Kabine – und dann konnten wir uns den ganzen Tag durchschütteln lassen. Auf dem Gutshof gab es viele verschiedene Schlepper, IHC und Hanomag – aber eben auch einen Bulldog, und der hatte es mir angetan. Der Klang hat mich immer fasziniert, und der Lanz hat irgendwie menschliche Züge – er schnauft, wenn er arbeiten muss.

Irgendwann wurde ich größer, und so wurde aus mir statt einem bloßen Beifahrer ein richtiger Erntehelfer und Fahrer. Daher kam auch die Begeisterung für die Technik und ich habe mir überlegt, dass ich auch beruflich gern Schlepper reparieren würde. Die Ausbildung zum Landmaschinenmechaniker hat mich dann natürlich weiterhin mit all dem verbunden. Auch als Geselle habe ich auf dem Gutshof immer noch bei der Ernte geholfen, habe dafür im Herbst immer Urlaub genommen, und bin dann dort zwei Wochen lang nur Rüben gefahren.

Im Laufe der Jahre hatte ich verschiedene Schlepper. Das fing schon in meiner Lehrzeit an. 1978 habe ich meine Lehre begonnen, Ende August habe ich vom Meister das erste Gehalt in der Lohntüte bekommen, und dafür habe ich aus dem Schrott gleich ein Fendt Dieselross gekauft. Mehr war nicht drin, aber ich wollte unbedingt einen eigenen Trecker haben – auch, wenn es kein Bulldog war. Da war ich 15 Jahre alt und wurde stolzer Treckerbesitzer.

Mit den Jahren kamen dann so einige andere Schlepper dazu. Ich hatte zuerst kein Zuhause für meine Trecker, aber ich war in unserem regionalen Segelverein aktiv und da gab es einen Bootsschuppen. Die hatten dort Schwierigkeiten damit, die Boote aus dem Winterlager herauszuholen und haben zu mir gesagt: „Wenn du für uns die Boote mit dem Trecker aus dem Lager ziehst und zum Wasser bringst, dann kannst du hier auch deinen Trecker hinstellen." Eine Hand wäscht eben die andere. Und so hatte ich meine erste Schraubergarage in einer Bootshalle. Und da kam der Fendt rein.

Später kam ich über Heinz Wilke zu meinem ersten Bulldog. Heinz Wilke hat den Lanz-Bulldog-Club hier mitbegründet und war ein sehr bekannter Mann in der Bulldog-Szene, lebt aber mittlerweile nicht mehr. Der nahm mich in jungen Jahren mit zu Bulldog-Treffen und hat mich in

Der D2806 war einer der ersten sogenannten Halbdiesel und erschien 1952 auf dem Markt. Seine hohen, schmalen Reifen sowie die enorme Bodenfreiheit übernahmen die Konstrukteure vom D7506.

die Lanz-Faszination hineingebracht. Und dann kaufte ich mir auch schnell meinen ersten Lanz – einen 2806 Halbdiesel. Der stand anfangs auch noch im Bootsschuppen, doch da wurde es irgendwann zu eng. Aber dann kam der Bruder eines Kollegen auf mich zu, der hatte einen landwirtschaftlichen Betrieb – und er bot mir eine Halle für meine Trecker an, wenn ich ihm bei den Erntearbeiten helfe. Da bin ich also umgezogen mit meinen Schleppern – vom Bootsschuppen zum Bauernhof.

So hat sich das immer weiterentwickelt. Nur der Bulldog war keine so glückliche Sache für mich, denn der war unpraktisch für die Landwirtschaft und hatte außerdem eine Benzinstartanlage, mit der ich damals nicht gut klar kam – ich hatte ja noch wenig Hintergrundwissen und Erfahrung. Und dann habe ich den Fendt und den 2806 Bulldog eingetauscht gegen einen 40 PS Bulldog Volldiesel, der war viel praktischer, wendiger und kräftiger. Er hatte auch eine besondere Geschichte. Der Bulldog wurde nämlich einmal aus zwei Treckern zusammengebaut – das Vorderteil kam von dem befreundeten Gutshof, und das Hinterteil von einem anderen Gut hier in der Nähe. Und da war ich natürlich glücklich, als ich diesen Schlepper kaufen konnte. Mit diesem 40er Bulldog konnte man in der damaligen Zeit dem Bauern auch eine Hilfe sein, denn man konnte viel damit machen. Der Schlepper hat mich lange als Arbeitstrecker begleitet. Später habe ich ihn eingetauscht gegen einen anderen 40er, der Hydraulik hatte – der Anspruch wuchs ja mit der Entwicklung der Technik.

So um 1981, 1982 herum bekam ich dann einen 20 PS Allzweck Glühkopf-Bulldog. Da war ich im dritten Lehrjahr, und der lief mir zufällig über den Weg, als ich mit Freunden eine Opel Manta-Tour gemacht habe. In der Nähe von Kiel stand da so ein Bulldog mitten in einem Dorf, von Kindern bunt angemalt als besonderes Schmuckstück. Und da fragten wir eine Dame nach dem Schlepper, die aber sagte: „Nein, den wollen wir eigentlich nicht verkaufen – und mein Mann ist krank, da müssen Sie später nochmal wiederkommen!“ So nach zwei Monaten sind wir dann nochmal hingefahren und bemerkten schon, dass so viele Autos auf dem Hof standen. Dann machte uns diese alte Frau die Tür auf, schwarz gekleidet – und wir sahen eine Trauergesellschaft, der Bauer war verstorben! Da wollten wir gleich wieder umkehren, aber dann rief eine andere Frau: „Junger Mann, bleiben Sie mal hier, das ist jetzt alles nicht so schlimm und wir wollen hier sowieso aufräumen – also, wenn Sie den Schlepper haben möchten, dann können Sie ihn haben.“

Der erste Glühkopf: schon lackiert, aber noch nicht ganz fahrbereit. In den 1980ern waren „Scheunenfunde“ weit verbreitet.

So kam ich zu diesem Glühkopf – für 500 Mark! Der war Baujahr 1951 oder 1952 und hatte schon höhere Speichenräder – Glück muss man haben. Da war natürlich auch viel dran zu machen, aber das spielte keine Rolle, wir haben uns vor Arbeit nicht gescheut und hatten wenig Geld. Und ich habe mich gefreut, denn nach dem Halbdiesel und dem Volldiesel hatte ich ja den Wunsch, noch mal eine weitere Bulldog-Technik kennenzulernen. Diesen Bulldog habe ich auch viele Jahre lang gehabt, aber richtig gearbeitet habe ich mit ihm nicht. Ich hatte zwar Zwillingsräder angebaut und Umsturzbügel und wollte mit ihm Silo festfahren – aber das ging nicht, er war dafür einfach zu klein und zu leicht.

Er diente dann der Freizeit. Im Winter haben wir den Glühkopf schön angeheizt, den Schlitten angebunden und sind mit ihm durchs Dorf und über Land gefahren. Außerdem ging es mit ihm zu Bulldog-Treffen und anderen Veranstaltungen – dafür war das ein toller Trecker. Der Glühkopf-Bulldog ist der Lanz schlechthin, weil er so einzigartig und so prägend ist. Diese Startprozedur mit der Heiz-

Klein, fein, mein: Olaf mit seinem ersten Glühkopf: ein Allzweck mit 20 PS – natürlich selbst restauriert.

lampe und überhaupt diese Glühkopftechnik, die ja aus der Vorkriegszeit stammt – das ist einfach einmalig!

Später bekam ich Lust auf einen großen Bulldog, und auch ein Freund von mir wollte gern einen größeren Lanz haben. Aber wir hatten beide kein Geld dafür. Da haben wir unsere Väter gefragt, und die haben uns dann zusammen tatsächlich einen 55 PS Glühkopf gekauft. Der war hier bei uns in Schleswig-Holstein zu der Zeit schon eher selten, und das war auch einer, der aus Frankreich zurückgeholt worden war – da fing das gerade an, dass Bulldogs aus dem Ausland zurückgekauft wurden. Unser Bulldog kostete damals 3.400 Mark, das war für uns eine ganz schön große Summe. Wir haben ihn dann restauriert, aber nicht zugelassen, weil wir für die praktische Arbeit den 40er Bulldog hatten. Dafür haben wir den neuen Glühkopf mit roter Nummer für Oldtimertreffen und Oldtimerpflügen genutzt. Nach ein paar Jahren, so um 1985, habe ich dann meinen Kumpel ausgezahlt, denn ich wollte den Glühkopf gern zulassen und mehr damit machen. Und diesen Bulldog habe ich heute noch. Das ist eigentlich der, der mich am längsten begleitet hat – den habe ich jetzt 36 Jahre.

Zuerst hatte er allerdings nur die Stehbleche – keine Kotflügel, kein Dach, kein nichts. Und meine drei Söhne, die damals klein waren, wollten natürlich immer mit! Deswegen habe ich erst mal ein Verdeck und einen Kotflügel aufgebaut und drei Kindersitze angebracht – mit einer Kette statt Kälberstrick davor. Insofern wurde der Lanz für unsere Bedürfnisse nachgerüstet, sieht heute noch so aus – und bekommt langsam eine schöne Patina. Ich bekomme Falten, und der Lanz kriegt Risse!

Die anderen Bulldogs habe ich in den Jahren wieder verkauft – und ich weiß auch, wo sie sind. Zwischendurch wollte ich sie auch schon zurückkaufen, die jetzigen Besitzer wollen sie aber nicht wieder hergeben. Dann habe ich erfahren, dass es hier in der Region einen großen Halbdiesel Bulldog mit 50 PS geben soll, die waren hier bei uns sehr selten. Ich habe den Besitzer ausfindig gemacht und bin hingefahren, der Lanz stand da so staubig auf der Diele – der wurde gar nicht mehr herausgeholt und sah auch gar nicht so doll aus. Deshalb wollte ich ihn schon gar nicht mehr so gern haben, und der Eigentümer wollte ihn auch gar nicht verkaufen. Aber dann hat er den Lanz angeschmissen, und ich habe im Leben nicht geglaubt, dass er anspringt, mit Plattfuß und Strohballen davor! Der Besitzer hat aus seinem Deutz-Trecker eine Batterie reingestellt und auf den Knopf gedrückt – und der Bulldog lief wie ein Schweizer Uhrwerk. Ich musste auf den Preis noch etwas draufpacken, und so bin ich 1996 zum 50er Bulldog gekommen. Das war ein Quantensprung, denn ich habe gemerkt, wie viel mehr der kann als der 40er. Das sind eigentlich nur 10 PS Unterschied, aber gefühlt kann er doppelt so viel. Den Schlepper haben wir heute noch: eine Maschine, die zuverlässig ist, sparsam und trotzdem sehr stark! Dabei ist sie gar nicht so laut – damit kann man auch fünf Stunden fahren, ohne dass man Kopfschmerzen bekommt. Deshalb ist das unser Lieblingstrecker geworden, mit dem will jeder fahren. Mit den Jahren ist der eine oder andere Trecker dazugekommen und auch wieder verkauft worden – aber meine Lieblingstrecker, die gehen hier erst dann raus, wenn ich mit den Füßen voran rausgehe!

Kein Wunder, dass die Lanz-Freunde früher auch als „Schrottsammler“ bezeichnet wurden. Hier der HR 8, der von 1938 bis 1955 produziert wurde.

Mein Sohn hat zurzeit einen 1506 Bulldog mit 55 PS, Baujahr 1939. Den bekamen wir aus einer Sammlung aus dem Schwarzwald und haben ihn ganz neu aufgebaut, und der fährt wunderbar. Ich selbst habe jetzt vier Bulldogs: einen 1506 Glühkopf mit 55 PS von 1950, einen D4016er Volldiesel mit Hydraulik, einen D5016er Halbdiesel mit Kriechgang und einen D5816er Halbdiesel. Das

Besondere am Bulldog ist für mich natürlich der Klang – und die Kraft. Überhaupt die ganze Technik, die fasziniert mich. Die Ingenieure haben sich damals sehr wohl sehr viele Gedanken gemacht. Deswegen sind die Komponenten bei solch einem Schlepper auch nicht schlecht – er hat eben mehr Stärke als viele andere, und die späteren Lanzmodelle brauchen sehr wenig Kraftstoff.

Das Hauptmerkmal der Lanz-Technik ist für mich jedenfalls der Einzylinder. Schließlich ist das so: Wenn ich einen 30 PS-Motor mit mehreren Zylindern baue, dann hat der eine höhere Motordrehzahl und eine andere Laufkultur, er ist in der Handhabung einfacher und unproblematischer. Wenn ich aber ein Einzylinder baue, der auch diese Leistung haben soll, dann brauche ich einen großen Kolben und große Baudimensionen. Und die führen zu mehr Masse, weniger Drehzahl und einem sensibleren Fahrverhalten. Wenn ich technisch einen Vergleich ziehe zwischen einem Deutz, Fendt und Hanomag mit 40 PS, so Baujahr 1957 bis 1960, dann haben die meistens Vierzylinder, ein ähnliches Gewicht und oftmals eine ähnliche Reifendimension, also eine vergleichbare Technik. Der Lanz aber war ja technisch gesehen immer völlig neben der Spur. Ein Stück Kulturgut ist der Bulldog deshalb auf jeden Fall – und die Firma Lanz war damals ein echter Wegbereiter für die Technisierung der Landwirtschaft. Und dass man diese Technik für die nachfolgenden Generationen als Ingenieurs- und Handwerkskunst erhält, das finde ich gut und wichtig und sinnvoll.

Auch der beste Freund muss ab und zu mal gründlich durchgecheckt werden – Vater und Sohn als „Trecker-Doktoren".

Die Bulldogs, die früher nicht verschrottet wurden, werden auch immer in Sammlerhänden bleiben. Zumal die Beschaffung von Ersatzteilen auch definitiv leichter geworden ist. Der Lanz ist ein ganz robuster Trecker – man sagt ja auch immer: „Der Bulldog ist unverwüstlich." Allerdings gibt es beim Restaurieren auch ganz sensible Bauteile. Und deswegen werden heute auch immer noch Schlepper durch Unkenntnis kaputt geschraubt. Wenn man beispielsweise eine Pleuelstange aus-

„Wer Lanz fährt, sollte auch schrauben können!“, so Olafs Devise. Hier ein D9500, so wie er ihn gefunden hat.

winkelt und ein neues Pleuellager einbaut, und man weicht dabei nur minimal vom Winkel ab, dann wird man an dem Motor keine Freude haben. Weil der festgeht und das Lager kaputt macht. Die Leute denken immer, das ist nicht so wichtig, ist ja nur ein alter Bulldog, da brauche ich nicht so genau hinschauen. Aber das ist ein Irrtum. Die Technik ist robust und relativ grobmotorisch, aber an der falschen Stelle zwei zehntel Millimeter zu wenig Luft – dann läuft der Schlepper nicht.

Früher war das mit dem Schrauben allerdings eher ein Problem – in den 1970er und 1980er Jahren wurden wenig Lanz-Teile nachgebaut,

Nicht alle Schätze hat der Sammler aufbewahrt – wie diesen 5816, von dem nur 29 Exemplare gebaut wurden.

und Originalteile waren kaum verfügbar oder sehr teuer. Mittlerweile kann man viel mehr Ersatzteile bekommen, das geht ganz einfach auch online und zwei Tage später kommt die Lieferung. Aber die Teile, die nicht nachgebaut werden, die haben einen enormen Preis. Kolben werden beispielsweise nachgebaut, Zylinder aber nicht. Und solch spezielle Sachen sind sehr teuer, wenn es sie überhaupt gibt. Schrauben macht mir aber richtig Spaß – da kann ich hervorragend abschalten.

Wenn ich abends von der Arbeit nach Hause komme, dann geht das so: Latzhose anziehen, Radio einschalten, Flasche Bier auf den Tisch – und dann schaue ich mir an, was ich machen will. Und hinterher kann ich stolz davorstehen und sagen: „Ja, jetzt ist es so, wie es sein soll.“ Das ist ein Erfolgsgefühl, weil man durch seine handwerklichen Fähigkeiten etwas Gutes hingekriegt hat. Aber man muss eben gern puzzeln und sollte ein Tüftler sein – sonst ist es schlecht! Ich kenne aber auch welche, die restaurieren nur, die sind total begeistert davon – aber wenn der Schlepper dann tipptopp ist, dann verkaufen sie ihn und haben ihn selbst höchstens drei oder vier Mal bewegt. Die haben gar keine Lust dazu, den Bulldog zu fahren – die wollen nur schrauben.

Und was das Fahren angeht – mit dem Bulldog ist das so ein bisschen „Learning by Doing“, das muss man üben. Die Motoren machen ja wenig Drehzahl, die laufen langsam, und wenn ich nicht gefühlvoll mit der Kupplung arbeite, dann säuft mir der Schlepper ab. Das sieht man ja oft bei Treckertreffen, wenn jemand mal eine Runde auf dem Stoppelacker fahren will, dann setzt er sich rauf und das Ding ist sofort aus. Der Bulldog hat zwar eine grobe Technik, trotzdem braucht man Feingefühl. Und wenn die Bulldogs ein bisschen schneller gemacht sind, sodass sie schon mal 30 oder 35 Stundenkilometer fahren, wird das Ganze auch nicht einfacher. Wenn sie dann hinten große Anhängelasten dran-

Mit dem Glühkopf pflügen – was gibt es Schöneres!

haben – einen Schaustellerwagen, einen Pfluganhänger oder einen Kipper – dann wiegt das Ganze schon mal 10 oder 11 Tonnen. Wenn man den dann anfahren will oder an eine Steigung kommt, dann muss man auch herunterschalten, der Motor schafft das nicht im größten Gang. Und dafür braucht man schon eine gewisse Übung. Wer noch nie auf einem Bulldog gesessen hat, der verzweifelt dann vielleicht, das ist schon eine Herausforderung.

Insofern ist das Fahren und Schalten beim Bulldog so eine Sache für sich. Der Lanz hat ja kein synchronisiertes Getriebe – das Heraufschalten funktioniert, wenn man die Drehzahlen ein bisschen anpasst und eine Schaltpause einlegt. Aber das Herunterschalten ist schwieriger, da muss man zwischenkuppeln und mit Zwischengas arbeiten. Ich kenne das auch. Es gibt Tage, da muss ich nach 300 Metern wieder anhalten, weil ich einfach nicht in den letzten Gang hineinkomme und den Moment quasi verpasst habe. Da will das Kamel einfach nicht wie ich. Also, der Bulldog hat so ein bisschen eine Seele – für den muss man schon einen siebten Sinn haben. Wenn man genügend technisches Verständnis hat, wird man mit ihm eins – aber es gibt auch Leute, die mit ihm nicht klarkommen.

Natürlich habe ich mit dem Lanz im Lauf der Zeit so einiges erlebt. Zum Beispiel gab es mal einen pfiffigen Tüftler, der hatte sich über viele Jahre eine Stahlyacht mit mehr als 20 Metern Länge gebaut. Und dann sollte das Boot zu Wasser gelassen werden. Darunter war ein Lkw-Trailer, und bis zum Wasser waren es etwa fünf Kilometer – aber an dem kleinen Hafen gab es eine schräge, gepflasterte Rampe ins Wasser hinein. Ich sollte dann mit dem 40er Bulldog das Boot da hinbringen. Beim Anfahren – weil das Ding mit seinen etwa 15 Tonnen so schwer war – ging der Bulldog vorne hoch. Ich wusste, wenn ich anhalte, bekomme ich ihn nie wieder in Gang. Dann bin ich von seinem Gartengrundstück nicht mit einem Schlenker herausgefahren, sondern in der Ideallinie durch die Rabatten und die Buchsbaumhecke bis zur Chaussee hoch. Und am Fähranleger bin ich rückwärtsgefahren, da gab es noch einen Kollegen mit einem Güldner-Trecker – und weil das so steil war und die Tonnage so zog, sind unsere beiden Trecker fast mit baden gegangen, da hätte nicht viel dran gefehlt. Das war echt ein Abenteuer, das hat man nur einmal im Leben – das würde ich aber nicht nochmal machen.

Und dann wollte ich mal im Herbst frühmorgens für einen Bauern zum Steckrübenfahren los, mit zwei Kippern und Aufsatzbrettern. Das war ein schöner Zug – der Bulldog mit Verdeck. Da bin ich irgendwie mit dem Vorderrad von der Straße abgekommen und der Trecker ist an einem Baum vorbeigeschossen. Doch der Kipperkasten war ein bisschen breiter als der Trecker, stand links und rechts etwas über und rammelte bei voller Fahrt voll gegen den Baum. Da sind die beiden Anhänger quergeschlagen und wie ein Klappmesser zusammengeklappt, die Aufsatzbretter sind durch die Gegend geflogen und lagen auf der Straße. Zum Glück war mir nichts passiert – so ein Aufsatzbrett, von hinten ins Verdeck rein, hätte mir ja den Kopf abschlagen können. Ein Rad stand in der Luft, Kipper krumm, Deichsel krumm, und hinten war eine Achse verbogen. Ich habe dann die Trümmer aufgeladen und bin wieder zurück zum Hof. Da guckt der Bauer mich an und meint: „Du wolltest doch Rüben holen!“ – und ich sage: „Ja eigentlich schon – aber nun ist der Hänger Schrott!“ Das war echt ein Malheur. Und zu Hause hatte ich ganz schön Bauchschmerzen – und vier Wochen lang einen Abdruck vom Lenkrad im Bauch!

Ich habe jedenfalls in den vergangenen Jahren viel Zeit mit dem Bulldog verbracht – und das war natürlich nicht immer zur Freude der Partnerin. Ich bin aber total glücklich verheiratet, und meine Frau lässt mir meinen Spielraum. Sie weiß, dass mich das erfüllt und mir Ausgleich bereitet, und dass ich ohnedem nicht glücklich wäre. Sie fährt auch selbst mit dem Bulldog, insofern teilen wir das Interesse auch. Allerdings macht sie nicht jeden Humbug mit. Aber wenn wir hier in der Nähe eine Ausfahrt haben oder ein Treffen, dann ist sie mit von der Partie. Generell ist das Bulldogfahren körperlich ja ziemlich anstrengend – man kann deswegen aber nicht sagen, dass eine Frau keinen Lanz fahren kann!

Eine Ausfahrt machen, in der Werkstatt schrauben oder ein Treckertreffen besuchen – das macht mir eigentlich alles Spaß. Aber am liebsten arbeite ich mit dem Bulldog richtig auf dem Acker, ich will ja die Technik bewegen und benutzen. Man macht dann mit der Maschine etwas Sinnvolles – man macht überhaupt das, wozu die Maschine mal gebaut wurde: eben arbeiten!

Außerdem ist das Musik in den Ohren – den Klang liebe ich einfach. Wenn ich mal ein bisschen Stress habe, den Bulldog anschmeiße und damit losfahre, dann kann ich hervorragend abschalten, dann ist der ganze Stress weg. Und das hängt natürlich auch mit dem Klang zusammen. Das wäre überhaupt das Grausamste, wenn man den nicht hören könnte – ohne diesen Klang wäre der Bulldog auch nicht der Bulldog. Der Glühkopf macht natürlich am meisten Rabatz – wenn der neben dir im Stand läuft, ist das ein wunderschönes Geräusch, was man auch stundenlang ertragen kann. Aber wenn man damit viel arbeitet, dann braucht man Ohrstöpsel, sonst zermalmt der Lanz dir die Gehörgänge. Und natürlich ist es auch so, dass der Glühkopf nicht gerade umweltbewusst ist. Wenn man mit dem an einer langen Steigung durch ein Dorf fährt, dann wird schon mal die Nase gerümpft oder dir ein Vogel gezeigt. Die Alten sagen zwar: „Gib ihm Feuer!", aber nicht jeder hat dafür Verständnis.

Alte Landtechnik erhalten und einsetzen – das ist Olafs Leidenschaft.

Der Lanz D2816 wurde von Vater Ludwig vor der Verschrottung gerettet.

„Da muss man schon Mumm in den Knochen haben!“

VATER LUDWIG & SOHN JAKOB, LANDWIRTE AUS HESSEN
Ludwig, Jahrgang 1958, ist auf einem Bauernhof groß geworden und hat als Kabel- und Freileitungsmonteur gearbeitet. Jakob, Jahrgang 1992, ist Landmaschinenmechaniker sowie Schweißer und betreibt zusammen mit Laurin (Kapitel 1) den YouTube-Kanal „Lanz Bulldog im Einsatz“.
Vater und Sohn leben gemeinsam in Südhessen in der Nähe von Darmstadt und betreiben einen landwirtschaftlichen Familienbetrieb im Nebenerwerb.

VATER LUDWIG

Schon mein Vater hatte immer einen Draht zu Bulldogs. 1943 – das war noch im Krieg – hat er als 13-jähriger Junge nach nur acht Jahren Schule eine landwirtschaftliche Lehre auf einem sehr großen Betrieb angefangen. Da ist er die ersten Jahre noch hinter schweren Pferden hergelaufen. Doch dann hat sein Chef eines Tages zu ihm gesagt: „Du bist der Jüngste auf dem Hof, du wirst für zwei Wochen zur Firma Lanz gehen und dort lernen, wie man auf dem Bulldog fährt!" Das hat meinen Vater sehr gefreut, er ist dann mit dem Fahrrad und mehreren Kumpels nach Mannheim zur Firma Lanz gefahren und hat da Fahrschule gemacht. Anschließend haben sie auf dem Lehrbetrieb einen 25 PS Bulldog mit Rückwärtsgang bekommen und den ist mein Vater lange gefahren. In den 1950er Jahren konnten die Leute meistens keinen Trecker fahren, das war für sie ja etwas ganz Neues, die haben immer nur mit Pferden gearbeitet!

Den ersten eigenen Lanz haben meine Eltern dann 1955 bekommen – und ich habe mein ganzes Leben mit dem Bulldog verbracht. Das erste Mal gefahren bin ich wahrscheinlich so mit fünf, sechs Jahren. Der erste Lanz Bulldog war relativ klein, das war ein D1616, auf dem habe ich fahren gelernt. Insofern hatte ich schon immer Interesse am Bulldog, allein schon wegen seines Klangs und seines urigen Aussehens. Das Motorengeräusch ist etwas Besonderes, und die Technik weicht ja von anderen Motoren ab. Das ist alles ein bisschen einfacher gehalten, leicht zu begreifen und gleichzeitig robust. Der Lanz hat nicht viele bewegliche Teile, das kann man eigentlich jedem Dummkopf beibringen.

Eigentlich sind die Glühköpfe die echten Lanz Bulldogs – der echte Lanz, das ist eben ein Einzylindermotor. Wir hatten für einige Jahre mal einen 35 PS Glühkopf, den D8506. Den habe ich von einem alten Freund günstig erworben, aber kaum zur Arbeit eingesetzt. Zum einen war dieser Lanz eher ein Liebhaberstück, zum anderen war es eben zu umständlich, ihn immer herauszuholen und vorzuglühen. Und weil dieser Bulldog auch keine Hydraulik hatte, habe ich ihn später eingetauscht gegen einen 60 PS Lanz.

1993 war ich dann auf einem Bulldog-Treffen und habe einem Bekannten erzählt, dass ich gern einen großen Lanz kaufen wollte, aber nirgendwo einen kriegen konnte. Daraufhin schlug er vor, mir jemanden vorzustellen, der vielleicht einen großen Bulldog aus dem Ausland besorgen könnte. Und bei dem habe ich dann angerufen – das war ein Obst- und Gemüsegroßhändler, der aus Spanien mit eigenen Schiffen Obst importierte. Der hatte mehrere Bulldogs mit 60 und 65 PS bei sich auf dem Betrieb stehen. Eines Tages bin ich auch zu ihm hingefahren und habe mir den 6516er ausgesucht: einen Iberica. Na gut, das war halt ein ungehobelter Klotz – zu der Zeit hatten wir IHC und Fendt bei uns auf dem Hof. Und im Gegensatz zu diesen Maschinen war dieser Bulldog einfach ein ungehobelter Geselle.

Wir haben diesen Lanz deshalb erst mal in der Garage abgestellt – und irgendwann mal einen Wagen drangehängt, der schwer beladen war. Und siehe da: Der Bulldog hatte überhaupt keine Kraft mehr. Dann haben wir ihn bis auf die letzte Schraube zerlegt und es hat sich herausgestellt, dass die Kolbenringe geplatzt und der Kolben verschlissen war, dass Lager ausgeschlagen waren und dass verschiedene Zahnräder im Getriebe abgenutzt waren. Daraufhin haben wir Stück für Stück alles repariert und wieder aufgebaut, bis der Bulldog fertig war. Zu meinem großen Glück habe ich einen Schwiegervater und zwei Schwager, die eine Mechaniker-Firma und eine große Werkstatt mit vielen Maschinen haben, die konnten da vieles machen. Insofern sind wir bei dem Bulldog also mit einem blauen Auge davongekommen – das Einzige, was ich kaufen musste, war ein Rohling für den Kolben. Den 6516er haben wir auch heute noch, der arbeitet richtig im Betrieb mit!

Jedenfalls war ich schon etwas aufgeregt, als ich den Iberica bekommen habe – immerhin war das der erste größere Bulldog in der ganzen Umgebung. Ich habe nur gedacht: „Hoffentlich machst du jetzt keinen Mist, hoffentlich kaufst du jetzt gerade nichts, was gar nicht taugt!" Und als ich dann den Iberica hier gefahren bin, wurde ich auch schon mal schon milde belächelt, manchmal sogar regelrecht ausgelacht. Mittlerweile wird bei uns in der Region ein Bulldog – wenn überhaupt – nur noch als Oldtimer gefahren. Wir sind die Einzigen, die ihn noch zur Arbeit einsetzen. In der weiteren Nachbarschaft haben wir zwei Bauern, die haben das so hingenommen, dass wir einige Bulldogs haben und mit denen arbeiten. Nur die Leute hier direkt um uns herum, die waren anfangs nicht immer so begeistert, wenn ich mal einen Bulldog laut habe laufen lassen. Natürlich gab es auch mal Neid, da hieß es dann: „Du hast dir wieder einen Bulldog gekauft? Du musst ja viel Geld haben!" Aber irgendwann haben die Leute gemerkt, dass ich meistens Schrott gekauft und die Schlepper neu aufgebaut habe.

Zurzeit haben wir fünf Bulldogs auf dem Hof, mit bis zu 60 PS – das sind so die größten Maschinen. Der Lanz ist natürlich schon eine sehr eigenwillige Maschine, die muss schon beherrscht werden. Da kann man keinen Schwächling draufsetzen. Wenn man den ganzen Tag mit dem Lanz Bulldog pflügen will – wir haben da schwere Dreischarpflüge dran – dann ist das schon richtig körperliche Arbeit. Lenken, schalten, kuppeln, bremsen – da muss man Mumm in den Knochen haben! Die Maschinen sind ja auch zu einer Zeit gebaut worden, in der alles noch ein bisschen grober und roher war als bei der heutigen Schleppertechnik. Es gab keine Lenkunterstützung, es gab keine Kupplungsunterstützung, und auf die Bremsen musste auch richtig fest draufgetreten werden. Trotzdem habe ich auf einem landwirtschaftlichen Betrieb hier in der Nachbarschaft sogar mal erlebt, dass eine Frau – und das war eine relativ zierliche Frau – tatsächlich einen 45 PS Glühkopf gefahren ist, und die hat den jeden Tag gefahren und gut beherrscht.

Wir haben hier eher kleine Äcker, und die großen Bulldogs sind dafür eigentlich nicht geeignet. Ein großer Bulldog ist ja dafür gebaut, geradeaus zu fahren und schwere Lasten zu ziehen und nicht dauernd zu bremsen oder zu wenden und viel zu lenken. Dafür ist der Lanz wiederum sehr sparsam, er braucht nicht so viel Sprit. Und die Technik ist leicht zu verstehen – also, für uns laufen diese Maschinen problemlos. Mein Lieblings-Lanz ist der D4016, ein Volldiesel. Das war ja eigentlich die letzte Entwicklung von Lanz. Und der ist relativ gut zu bewegen, lässt sich gut fahren, hat unheimlich viel Kraft und ist sparsam. Wir nutzen den viel im Wald, wenn wir Brennholz machen und Stämme herausfahren und so weiter, da haben wir auch eine Seilwinde drangebaut – ich fahre damit sehr gern.

Das Problem bei den größeren Bulldogs ist: Man muss doppelt kuppeln beim Schalten, außerdem

Stolz auf den ersten eigenen Bulldog!

So sah das Findelkind ein Jahr später aus: zwar mit Patina, aber technisch wieder topfit.

manchmal Zwischengas geben, und beim Herunterschalten unter Last ist das oftmals auch problematisch, weil man den Gang nicht mehr reinkriegt. Ich habe ja keine Synchronisation im Getriebe – und bei einem gerade verzahnten Getriebe muss man immer die Zeiten wissen, wann man schalten muss. Das muss man hören: Wann muss ich die Kupplung treten, wann muss ich Zwischengas geben? Und wenn man schwere Hänger hinten dranhat, dann muss man schon aufpassen – und den Lanz quasi mit den Ohren fahren. Und bei allem braucht man Gefühl – auch wenn das robuste Maschinen sind.

Mich begeistert am Lanz jedenfalls die einfache Technik. Der Motor besteht ja hauptsächlich nur aus drei beweglichen Teilen: Kurbelwelle, Pleuelstange und Kolben. Mehr ist da nicht dran. Wo noch bewegliche Teile sind, das ist dann der Regler – den sieht man nicht, und es ist auch relativ selten, dass da etwas dran ist. Und das Getriebe ist auch ziemlich einfach gehalten, das ist nicht so feinmaschig wie bei anderen Maschinen. Wenn man technisch ein bisschen begabt ist, dann kann man den Lanz auch selbst reparieren. Wir machen jedenfalls alle Reparaturen selbst – das Schrauben macht mir sowieso Spaß, das habe ich immer gern gemacht. Aber noch besser als Schrauben ist das Fahren – das mache ich am liebsten.

Im Laufe meines Lebens habe ich jede Menge Zeit mit den Bulldogs verbracht. Meine Frau war davon natürlich nicht immer sehr begeistert, aber sie kommt selbst aus einer Mechaniker-Familie und kennt das schon, dass die Männer abends oder am Wochenende viel an der Arbeitsstätte sind. Manchmal machen wir eine Rundfahrt, hin und wieder fahren wir aber auch zu Treckertreffen. Wenn wir mit unseren Bulldogs kommen, wird gewunken, und die Leute freuen sich meistens, wenn sie die Bulldogs sehen und hören. Für viele Menschen sind das ja Klänge aus der Jugend! Wenn man mit einem Deutz kommt oder mit einem Hanomag, die brummen oder rasseln ja bloß. Aber der Lanz Bulldog macht eben sein uriges Geräusch und da freuen sich viele Leute. Heutzutage ist aber manchmal auch jemand dabei, der sehr grün angehaucht ist, der ruft dann „Feinstaub!“ oder so etwas, aber daran stören wir uns nicht. Tatsächlich bin ich auch schon etwas stolz darauf, dass wir noch Bulldogs haben, die einsatzfähig sind. Und eine Kapitalanlage ist das natürlich auch, das muss man schon sagen.

Das Besondere am Lanz ist jedenfalls die einfache, unverwüstliche Technik. Ein Lanz, der 20.000 Betriebsstunden hat und ordentlich abgeschmiert wird, dem merkt man das nicht an. Das kann man mit einem heutigen Schlepper gar nicht mehr machen. Man sagt ja auch nicht umsonst: „Es ist unmöglich, dass zehn Fahrer einen Lanz schaffen – aber es ist gut möglich, dass ein Lanz zehn Fahrer schafft!“ Und ein echter, richtiger Lanz ist für mich einer, der noch arbeitet. Ein echter Lanz muss für mich auch mal eine Delle und ein paar Kratzer haben, egal ob das ein Glühkopf, ein Halb- oder Volldiesel ist – der muss einfach im Einsatz sein!

Ich hätte gern noch einen 3606 Halbdiesel, darüber sprechen wir in der Familie schon länger. Dieser Halbdiesel ist relativ selten und war als Nachfolger des 35er Glühkopf geplant. Oder ich hätte gern noch einen großen 6016er Halbdiesel mit Kriechgängen – auch diese Schlepper müssten natürlich arbeiten. Wenn ich aber einfach nur ein Schmuckstück haben wollte, dann würde ich einen 55 PS Glühkopf nehmen.

Vater Ludwig vor dem stärksten Halbdiesel: 60 PS schlummern hier unter der Haube.

SOHN JAKOB

Ich bin in der Landwirtschaft groß geworden und da gehören Trecker einfach dazu. Schon als Kind habe ich auf dem Bulldog gesessen und bin da eingeschlafen. Aber ich muss gestehen – ich hatte damals nie wirklich einen Bezug zu Lanz, ich war eher so der Mann für den Fendt. Den Lanz konnte ich als Kind nicht gescheit lenken, den konnte ich als Kind nicht richtig fahren – der war für mich deshalb erst mal uninteressant. Bei mir hat das mit den Lanz Bulldogs erst richtig angefangen, als ich so 20, 21 Jahre alt war. Da hat mich die ganze Sache ein bisschen mehr interessiert.

Aber an ein Erlebnis aus meiner Kindheit kann ich mich noch gut erinnern, da wollten mein Vater und ich mit dem 65er Lanz und der Scheibenegge losfahren, und da ist der Bulldog meinem Vater auf der Straße ausgegangen – er hat ihn abgewürgt. Das war für mich als Kind ein furchtbares Erlebnis – der Traktor ist plötzlich aus, so mitten auf der Straße. Und da habe ich gesagt: „Ich mag keinen Lanz mehr.“ Später bin ich aber doch wieder mit dem Lanz gefahren und habe auch daran geschraubt. Der Lanz Bulldog hat einfach dazugehört – musste man mal schnell einen Anhänger wegfahren, hat man kurz den Lanz angemacht und ist losgefahren. Ich habe auch gemerkt, wie gut man mit den Bulldogs arbeiten kann. Da steckt richtig Gewalt hinter diesen Schleppern. Mein Interesse ist aber auch deswegen größer geworden, weil der Bulldog eine ganz andere Technik ist als das, was ich früher so als Landmaschinenschlosser gelernt habe.

Was mich am meisten an der Lanztechnik begeistert, das ist der Einzylindermotor. Das ist so eine Technik wie bei einer Motorsäge. Ich habe während meiner Ausbildung auf Zweitaktern gelernt,

Schon Opa und Vater hatten das Lanzfieber – welcher Pöks kann da widerstehen!

und der Lanz ist eigentlich nichts anderes: ein Zweitakt-Diesel. Und damit ist er eigentlich das Gleiche wie eine Benzin-Motorsäge, der Diesel dreht nur nicht so hoch. Wir hatten mal zwei Glühköpfe – den 8506 und 7506 – aber die Glühkopftechnik ist für mich gar nichts. Das geht schon damit los, dass man die Dinger anheizen muss, das dauert schon so lange, ehe man mit denen überhaupt losfahren kann. Und bei uns werden die Maschinen ja für jeglichen Bedarf eingesetzt, sie werden wirklich noch in der Landwirtschaft gebraucht. Bei dem einen hängt man den Grubber dran, bei dem anderen muss mit dem Anhänger Getreide gefahren werden, und der nächste hat eine feste Seilwinde am Heck – und so ist ein Glühkopf für uns in der Landwirtschaft einfach unpraktisch.

Wir haben insgesamt fünf Lanz. Der kleinste ist ein D2016, dann haben wir einen D2816, einen D4016, einen D6006 und einen D6516. Der Unterschied ist ganz klar die Leistung; außerdem gibt es unterschiedliche Zwecke für den Einsatz. Die großen Lanz laufen meistens vor dem Anhänger, vor dem Grubber oder Pflug. Der 40er Lanz ist so die Allzweckwaffe, da haben wir eine fest verbaute Seilwinde im Heck, die hat mein Vater daran gebaut – der 40er wird halt immer genommen, weil der wendig ist und Kraft hat. Der ist nicht so leicht wie die zwei kleineren, außerdem hat der auch einen Frontlader. An dem 2816er hängt eine Bandsäge dran, weil wir mit dem Brennholz schneiden oder auch mal Balken zuschneiden. Und der 2016 dient eigentlich als Enkeltaxi und zieht den Kartoffelroder.

Mein Lieblings-Lanz von den fünf Treckern ist der 6006, weil ich diesen Schlepper mit meinem Vater zusammen so umgebaut habe, dass wir damit einwandfrei arbeiten können. Das hat angefangen mit der Hydraulik, die wir darangebaut haben, dann kam der neue Sitz und so weiter – der lässt sich einfach am schönsten fahren. Trotz luftgefedertem oder mechanisch gefedertem Sitz ist das Fahren auf dem Lanz körperlich allerdings schon sehr anstrengend, da wir keine Hilfslenkung haben. Oder wenn man einen großen Anhänger mit Getreide rangiert oder solche Sachen. Da merkt man schon, wie anstrengend das ist. Das Fahren als solches ist aber bei uns sehr sicher. Wir haben auf jedem Schlepper Umsturzbügel drauf. Wir haben alle Bügel verstärkt, da wir auch wirklich schwer belastet ziehen – und man weiß ja genau, was passiert, wenn so ein Anhänger mal schiebt. Unsere Schlepper sind sehr sicher ausgerüstet. Auch alle Bremsen und die Beleuchtung funktionieren, wir haben überall Bremslicht und Blinker dran – alle unsere Schlepper sind auf höchstem Sicherheitsstand.

Übrigens, jeder der fünf Bulldogs hat auch einen eigenen Sound – jeder klingt anders. Und obwohl

Die Lanz-Flotte von Jakob und Vater Ludwig: ein D2016, ein D2816, ein D4016, ein D6006 sowie ein D6515 (von links).

der 6516er und der 6006 sogar den gleichen Motor haben, klingen die Maschinen komplett unterschiedlich. Der eine höher, der andere tiefer, der eine schlägt härter und macht mehr Krach, der andere läuft ruhiger und gedämpfter. Wir wissen jedenfalls schon immer ganz genau, welcher Schlepper gefahren kommt, selbst wenn man ihn noch nicht sehen kann. Also, die Soundkulisse, die der Lanz beim Arbeiten bietet – die kannst du mit keinem anderen Schlepper vergleichen. Das ganze Feeling beim Lanz Bulldog-Fahren kannst du mit keinem anderen Trecker dieser Welt vergleichen!

Dabei muss man aber auch ganz klar sagen, ein Lanz ist ein ungehobeltes Stück Eisen! Ich würde auch behaupten, so ein Bulldog hat vielleicht keine Seele – aber man muss schon wissen, wie man mit ihm umgeht. Bei unseren Bulldogs geht das schon damit los,

dass man genau wissen muss, wie man die Maschinen anlässt – da kann man nicht jeden Fahrer auf den Bulldog setzen. Ein Bekannter von mir hat mal auf einem Lanz von uns gesessen, auf dem 28er, und Stämme gezogen. Da ist der Schlepper plötzlich vorne hochgegangen, und der junge Mann wusste nicht, wie er damit umgehen sollte und wollte abspringen. Zum Glück hat sich der Schlepper dann selbst abgewürgt und es ist nichts passiert.

Ich hatte übrigens auch mal den 7506, den Glühkopf. Den habe ich aber wieder verkauft, weil ich mit der Glühkopftechnik nichts anfangen kann. Aber was mich an dem wirklich fasziniert hat, war der technische Aufbau der Dreibackenkupplung. Außerdem bin ich bei den Bulldogs bis heute von der Schwungradfixierung auf der Kurbelwelle über dem Keil begeistert – dass diese Verbindung so gut hält und dass es so wenig Unfälle damit gibt. Das ist für mich einfach faszinierend, denn wir wissen ja, wie es früher war – da sind die Keile ausgeschlagen und Bleche daruntergelegt oder mit dem Meißel Scharten oder Kanten reingehauen worden. Es begeistert mich einfach, dass das so glattläuft.

Natürlich hat der Bulldog auch Nachteile gegenüber anderen Schleppern – er hat kein Allrad, er

Ein Fendt-Hubwerk für den D6006: Damit passen auch moderne Anbaugeräte.

hat keine Differentialsperre, und der Fahrkomfort ist auch nicht so toll. Es kommt aber darauf an, wie man sich den umbaut. Wir haben teilweise luftgefederte Sitze drauf zum Arbeiten. Ich würde sagen, der größte Nachteil ist der Fahrkomfort! Aber man kann alles nachrüsten: hydraulische Lenkung, Bremsunterstützung – ein Lanz ist eben einfache, solide Technik. Da ist nichts dran, was kaputt gehen kann. Was nachgerüstet wird, ist natürlich oft nicht original. Nachrüstungen, die dem Fahrer die Arbeit leichter machen – wie bei uns beispielsweise eine Druckluftbremse für Anhänger oder eben ein luftgefederter Sitz – die finde ich gar nicht schlimm. Mir gefällt nur nicht, wenn dann komische Kotflügel drangeschraubt werden und Riffelbleche und Messingmuttern und lauter so ein Kram – also, dass sie dann restauriert besser aussehen, als sie aus der Fabrik gekommen sind!

Das Schlimmste am Lanz Bulldog ist übrigens der Pendel-Anlasser. Das ist ein Anlasser wie kein anderer, der einfach in eine Richtung durchdreht. Er drückt ja den Motor gegen den oberen Totpunkt, schaltet dann um und pendelt wieder nach hinten, bis der Motor anspringt. Früher wurde der Lanz Bulldog einmal angestellt und ist dann den ganzen Tag gelaufen. Unsere Bulldogs werden aber am Tag – bei der Ernte oder wenn man einen Anhänger damit fährt – 10 oder 15 Mal angestellt, und dafür sind diese Anlasser nicht gemacht. Deswegen kommt es mit ihnen immer wieder zu Problemen – der Pendelanlasser ist das schlechteste Bauteil, was es am Bulldog gibt.

Auf jeden Fall muss man am Lanz viel schrauben – und wenn man das nicht kann, wird es schwierig. Gerade, wenn man die Maschinen nicht oft einsetzt, bricht mal die Hubstrebe oder die Lenkstange – und dann muss man sich schon zu helfen wissen und die Teile selbst wieder zusammenschweißen oder neu anfertigen können. Dadurch, dass ich auch gelernter Schweißer bin und die entsprechenden Maschinen zur Verfügung habe, haben wir damit keinerlei Probleme. Aber irgendetwas ist immer. Mal muss man etwas reparieren, mal etwas umbauen. Insgesamt verbringe ich jedenfalls viel Zeit mit den Bulldogs – man kann sagen, ich habe sie täglich um mich. Wenn ich abends von der Arbeit nach Hause komme und Feierabend habe, dann bin ich auch schnell in der Werkstatt verschwunden. Dann wird halt an etwas gearbeitet, in der Landwirtschaft fällt ja immer etwas an. Insofern bedeutet der Lanz für mich Arbeit, Arbeit, Arbeit. Ein Freund von mir hat mal gesagt: „Entweder man lebt – oder man hat einen Lanz Bulldog!“

Aber es gibt auch noch etwas anderes, als mit dem Lanz nur zu arbeiten. Wir haben hier auch unseren Bulldog-Club, die „Bulldogs Messel“. Da machen wir verschiedene Ausfahrten über das Jahr ver-

Jeder klingt anders – und doch ist der Bulldog-Sound immer etwas Besonderes!

teilt – und einmal im Jahr veranstalten wir unser großes Bulldog-Treffen. Da wird dann wirklich alles gemacht – Baumstämme-Ziehen, Pflügen, Grubbern und so weiter. Es kommen auch andere Clubs dazu und teilweise sind dann über 100 Schlepper dabei. Außerdem machen wir hin und wieder auch Ausfahrten zu anderen Treffen hier in der Region. Dabei ist es mir nicht wichtig, den Lanz öffentlich zu zeigen – unsere Bulldogs sind in unserer Region sowieso bekannt! Bei einem Treckertreff stellen wir die Schlepper hin und freuen uns einfach, wenn die Leute kommen und Fragen stellen.

Die Besucher auf den Treckertreffen finden unsere Schlepper durchweg positiv – vor allem, weil wir diese alten Maschinen noch richtig zur Arbeit einsetzen. Insgesamt bemerken wir aber, dass es zwei Lager gibt: diejenigen, die wie wir mit ihren Maschinen arbeiten, und die anderen, die ihre Schlepper nur zum Präsentieren oder als Kapitalanlage haben. Und diese Leute wollen mit uns eher weniger zu tun haben. Sie denken, die Maschinen sind jetzt so alt, die gehören nicht mehr in den täglichen Einsatz in der Landwirtschaft. Es gibt sogar Leute auf diesen Treffen, die beschweren sich über unsere Maschinen, weil sie nicht so ganz blitzblank sind. Aber wir arbeiten ja richtig mit den Bulldogs, ziehen Baumstämme, pflügen, grubbern und so weiter – und diese Leute kommen dann mit ihrem Hochglanz-Lanz und merken, dass es bei uns eben staubig ist!

Nach der Arbeit kommt der Spaß – Jakob zeigt, was sein 40er Lanz alles kann.

Dann fahren sie lieber gleich wieder weg und stellen sich anderswo hin. Das stört mich aber alles nicht, weil ich weiß, was unsere Maschinen können! Die Bulldog-Szene ist überhaupt wahnsinnig groß und wächst von Tag zu Tag – und mittlerweile gibt es auch hervorragende technische Profis. Die kann man auch mal um Unterstützung bitten – ich habe noch keinen in der Lanz-Szene erlebt, der nicht bereit war, zu helfen. Insofern gibt es unter den Lanz-Schraubern auch eine große Solidarität.

Wenn ich übrigens einen Wunsch frei hätte und von meinem Kindheitstraum ausgehe, dann hätte ich gerne ganz klar noch eine Lanz-Raupe. Die ist ziemlich breit und damals für den Straßenbau konstruiert worden. Man kann die Maschine deshalb wirklich nur auf dem Acker einsetzen – der praktische Einsatz einer Lanz-Raupe ist eigentlich gleich null und macht keinen Sinn. Leider gibt es nur noch sehr wenige davon, und diejenigen, die eine haben, verkaufen sie meistens sowieso nicht. Und wenn doch, dann ist sie finanziell unerschwinglich, denn die kostet mindestens so 80.000 bis 100.000 Euro. Insofern ist das von mir nur so eine Spinnerei!

Jakob betreibt gemeinsam mit Laurin den YouTube-Kanal „Lanz Bulldog im Einsatz“. Mehr Informationen dazu im Kapitel 1: „Der Lanz gehört zu mir und zu meinem Leben.“

Auch im Alter ist Karl-Heinz seiner ersten Lanz-Liebe – dem D3506 – treu geblieben. Ob bei offiziellen Anlässen oder einfach nur so: Auf diesem Lanz fühlt er sich zu Hause!

Lanz-Liebe – eine Kindheitserinnerung von 1948

VON KARL-HEINZ REHKOPF

„Meine Schulferien 1948 verbrachte ich auf dem Bauernhof meines Onkels im Kreis Einbeck in Niedersachsen. Es gab dort zwar auch Pferde, aber der Lanz hatte es mir viel mehr angetan: Sobald ich ihn tuckern hörte – wenn er ungeduldig auf seine Anhänger wartete, um sie auf den Acker zu schleppen – blieb ich in seiner Nähe, um auf keinen Fall vergessen zu werden. Dabei wusste ich genau, der Lanz Bulldog liebt mich ebenso wie ich ihn!

Noch bevor der Lanz von meinem Onkel die Sporen bekam, um die schweren Anhänger, den Pflug oder den Selbstbinder vom Hof zu ziehen, saß ich schon mit einem Sprung auf dem Kotflügel und sah genau zu, wie der Onkel routiniert die Gänge schaltete. Eines Tages – ich war elf Jahre alt – fuhr ich wieder mit meinem Onkel zum Feld. Kaum auf dem Acker angekommen, hüpfte ich wie immer sofort auf den Fahrersitz, während der Bulldog geduldig blubberte und der Onkel den Pflug anhängte. Ich stellte mir zum wiederholten Male vor, wie es sein würde, wenn ich selbst ganz allein den Lanz in Bewegung setzen und steuern dürfte. Wie durch Gedankenübertragung sagt der Onkel da plötzlich zu mir: „Na, wie isses? Willst du mal versuchen, selbst eine Furche zu pflügen?" Da schien mein Herz lauter zu schlagen als das Blubblubblub des Bulldogs!

„Komm, ich zeig es dir mal!", begann mein Onkel. „Nicht nötig", unterbrach ich ihn da sofort. „Ich weiß genau Bescheid. Ich hab ja hundert Mal beobachtet, wie das geht." Gleichzeitig erschrak ich dann doch beim Gedanken daran, wie schwer die Kupplung zu treten war und wie ich mich mit steifem Rücken an die Sitzlehne stemmen musste, um meine zu kurzen Beine zu kompensieren. Aber ich ließ mir nichts anmerken; ärgerte mich jedoch darüber, dass der Onkel die plötzlichen Schweißtropfen auf meiner Stirn genau beobachtet hatte – dabei war es am frühen Morgen ja gar nicht warm.

Mein Onkel erklärte kurz, wie ich eine möglichst gerade Furche pflügen konnte, sprang dann aber plötzlich vom fahrenden Bulldog herunter, entfernte sich und rief mir zu: „Jetzt bist du der Bauer! Ich verlasse mich auf dich – mach es ordentlich und pass gut auf." Da brauchte ich eine ganze Runde, ehe sich mein rasender Pulsschlag beruhigte. Mein Onkel blieb am Ende des Ackers stehen, immer genau an der neuen Furche, und schwenkte den Kopf prüfend hin und her, ob ich denn auch gerade genug pflügte. Aber es klappte.

Von da an ließ ich mir den Platz hinter dem Lenkrad nicht mehr streitig machen. Die Tante brachte uns mittags Brot, Milch und Muckefuck – das war damals der Name für Malzkaffee, Bohnenkaffee gab es ja kaum und höchstens an Familienfeiern. Aber die Tante kam auch immer noch ein zweites Mal mit dem Fahrrad und brachte mir zwei Kissen: eines für den Po und eines für den Rücken wegen meiner noch zu kurzen Beine.

So vergingen für mich noch viele Ferien auf dem Bauernhof mit dem Bulldog. Auch später, als ich längst erwachsen war, vergaß ich meine Jugendliebe, den 20er Lanz, nie. Ich kaufte mir sogar einen eigenen Lanz D 3506 – und heute haben sich mehrere Bulldogs um diesen ersten Schlepper geschart und bilden eine richtige Lanz-Bulldog-Familie, die ich behüte wie meine Kinder!"

Eine Kindheitserinnerung von Karl-Heinz Rehkopf (Jahrgang 1936), Stifter des PS.SPEICHER im niedersächsischen Einbeck, der eine ganz besondere Beziehung zu Lanz-Fahrzeugen hat.
Der PS.SPEICHER präsentiert in einem Außendepot jeden Samstag seine „Lanz-Wirtschaft" mit 32 Bulldogs des Stifters, von denen die meisten noch fahrbereit sind: vom kleinsten Lanz mit 8 PS bis hin zum größten Glühkopf mit 63 PS. Außerdem sind Dampfmaschinen, Dreschmaschinen, Raupen, Holzvergaser, Eilbulldogs und Ackerbulldogs zu bestaunen. So ist aus fast allen Lanz-Epochen ein Fahrzeug vorhanden, wobei die Sammlung auch sehr seltene Exponate beherbergt, die nur noch in geringer Stückzahl erhalten sind.

Weitere Informationen im Internet: www.ps-speicher.de

Damals mühsam und arbeitsintensiv – heute Nostalgie: ein D4506 im Bauernalltag um 1940.

Fazit der Protagonisten

ANDY

Was die Zukunft von Lanz betrifft – die Insider werden weiterhin begeistert sein, aber die Umweltbewussten, die rümpfen die Nase und zeigen dem Lanz-Fahrer schon mal einen Vogel. Die Rauchentwicklung ist beim Bulldog klar ein Nachteil. Jedenfalls vermute ich, dass die Akzeptanz in der Bevölkerung sinken wird – da gilt ein Lanz-Fahrer als Umweltsünder. Vielleicht dürfen wir irgendwann gar keinen Bulldog mehr fahren – und davon wird wohl die ganze Bulldog-Szene betroffen sein. Ich glaube, dass der Lanz auf lange Zeit leider keine Zukunft mehr haben wird. Er wird sicher eine Legende bleiben – aber seine Preise werden fallen, weil man mit ihm gar nicht mehr fahren kann. Und nur zum Hinstellen wird wohl kaum jemand Geld ausgeben!

GÜNTER

Der 100. Geburtstag des Lanz hat eine große Bedeutung, denn welcher Trecker wird schon so alt. Das ist wirklich etwas Einmaliges – und weil das etwas so Besonderes und Schönes ist, muss man das auch aufrechterhalten. Eine Zukunft hat der Lanz aber sicherlich nicht als Nutzfahrzeug, sondern nur als beliebter Oldtimer. Die Liebhaberei wird vielleicht sogar noch zunehmen, gerade weil dieser Zweitaktmotor mit viel Gebrüll immer noch funktioniert.

HUBERT

Der Bulldog ist eine urdeutsche Maschine und die läuft und läuft! Auch deshalb wird der Lanz auf alle Fälle seine Liebhaber und Freunde behalten, das überträgt sich einfach von Generation zu Generation. Und er wird immer eine Legende bleiben.

Als der 200.000ste Bulldog verkauft war, wurde gefeiert. Allerdings war der Jubiläums-Schlepper kein Glühkopf, sondern ein Volldiesel.

Auch das Innenleben des HR9 Eilbulldog will vom Fahrer und besonders vom Schrauber verstanden werden.

LAURIN

Der Lanz wird auf jeden Fall seine Fangemeinde behalten. Vielleicht wird sie kleiner, weil es ältere Sammler irgendwann nicht mehr geben wird, dadurch große Sammlungen auf den Markt kommen und das Angebot die Nachfrage übersteigen wird. Aber es wird sicher nie so sein, das es heißt: „Lanz? Nee, den will ich nicht.“ Der Lanz ist einfach zuverlässig, wartungsfreundlich und eben unkaputtbar – man kauft einmal einen Lanz, und der bleibt fürs Leben. Insofern ist der übrigens auch nachhaltig – wonach alle schreien, das hat Lanz damals schon produziert! Eigentlich ist er damit fast zu gut!

MARKO

Ich finde, es ist die Aufgabe der heutigen Lanz-Clubs und Vereine, der jüngeren Generation diese Technik nahezubringen und auch zu vermitteln! Allerdings wird die Fangemeinde vermutlich schrumpfen. Es gibt ja immer weniger Leute, die die Geduld und die Muße haben, sich mit einem schwierigen technischen Problem auseinanderzusetzen. Außerdem ist auch ein neues Umweltbewusstsein entstanden, das auch berechtigt ist – die Frage, inwiefern umweltverträgliche Antriebe mit dem Lanz kompatibel sind, wird uns Lanz-Freunde wohl noch richtig beschäftigen.

KARSTEN

Der Lanz ist für mich der Gott unter den Treckern. Er ist einfach, hat pure Kraft und hält ewig. Er ist ja auch nicht grundlos in Polen, Argentinien, Spanien, Frankreich und Australien nachgebaut worden. Einige Bulldogs sind schon 100 Jahre alt, und doch ist nichts kaputt, sie laufen einfach weiter. Also, der Lanz ist der Ur-Schlepper schlechthin – und damit ein Kulturgut!

JAKOB

Der Lanz wird bestimmt immer seine Fangemeinde haben – definitiv. Es wird immer Leute geben, die sich für diese Technik interessieren – insofern wird der Lanz nicht aussterben, auf keinen Fall. Es gibt zwar auch die Youngtimer-Szene, aber Lanz Bulldog wird immer Lanz Bulldog bleiben! Allerdings sehe ich, dass der Markt die Preise kaputtmacht – und so können sich gerade junge Leute keinen Lanz Bulldog leisten, das finde ich sehr schade. Die Preise sind schon sehr intensiv, die sind seit den 1990er Jahren förmlich explodiert. Insofern muss man auch ganz klar sagen: Der Lanz Bulldog ist – so doof das klingt – auch eine Kapitalanlage!

BODO

Der Lanz ist etwas ganz Besonderes, weil er so mächtig, gewaltig und urig daherkommt! Er wird bestimmt niemals in Vergessenheit geraten, nur irgendwann wird man diese Maschinen wohl nicht mehr anstellen dürfen. Trotzdem ist der Lanz einfach Kult, und unter allen Landmaschinen steht er definitiv an erster Stelle. Nicht nur wegen seiner einfachen, robusten Technik. Schon allein sein Erscheinungsbild ist einfach etwas Einmaliges!

Ackern mit den Bulldogs – auf Treckertreffen das Highlight für Besucher und Lanz-Fahrer.

PETER

Der Lanz wird auch in Zukunft immer seine Liebhaber finden. Die Faszination, die ich als Junge empfunden habe, die erleben auch junge Menschen heutzutage. Die haben Lust darauf, sich mit den besonderen Attributen des Bulldogs auseinanderzusetzen. Das wird auch so bleiben – insofern wird der Bulldog nicht irgendwann vergessen sein, das glaube ich auf gar keinen Fall. Auch wenn es verschiedene Aufs und Abs in der Szene gibt – durchgängig kann man sagen, die Akzeptanz dieser Maschine mit dieser ganz speziellen Ausstrahlung, die wird es immer geben.

HEINRICH

Natürlich ist der Lanz ein Stück deutsches Kulturgut – mit ihm ging schließlich in den 1920er Jahren die Industrialisierung der Landwirtschaft los. Und deshalb hat er einen großen historischen Wert. Aber der Bulldog in der heutigen Landwirtschaft – das ist eigentlich Hobby ohne Zukunft, auch wenn es kleine Betriebe gibt, die mit den Bulldogs arbeiten. Gerade der Glühkopf hat seine Hochzeit lange überschritten. Diejenigen, die sich solch einen Lanz kaufen, müssen den ja auch anschmeißen können. Und diejenigen, die sich an den Lanz drantrauen, werden in Zukunft immer weniger. Vielleicht wird das Interesse an der Lanz-Technik überhaupt zurückgehen, es geht dann vielleicht nur noch darum, ihn als Wertobjekt und Kapitalanlage zu besitzen.

Mit der DLG-Ausstellung 1921 in Leipzig fing alles an – dass der Lanz aber auch nach 100 Jahren noch so begeistern kann, hätte damals vermutlich niemand gedacht!

MIRKO

Der Lanz könnte in seiner Zukunft vielleicht dadurch gefährdet sein, dass der normale Führerschein nur bis 3,5 Tonnen geht, die großen Bulldogs aber mehr wiegen und gerade junge Leute dadurch abgeschreckt werden könnten. Auch das langwierige Anheizen bei den Glühköpfen ist bei jungen Leuten eher unbeliebt – die wollen den Schlepper einfach nur anmachen und sofort losfahren.

OLAF

Ich befürchte, dass der Kreis der Lanz-Liebhaber in Zukunft kleiner werden wird. Denn junge Leute haben ja nicht mehr so den Bezug zur Landwirtschaft, die wachsen heute mit Computer, Handy und ganz anderen Interessen auf. Der Lanz wird zwar immer etwas Besonderes bleiben, aber die Fangemeinde wird sich wohl etwas verändern. Vor 20 Jahren gab es eben noch viel mehr Leute, die den Bulldog früher selbst gefahren und mit ihm gearbeitet haben – aber in 10 Jahren wird dieser Bezug bei den meisten Leuten gar nicht mehr da sein, da kennt ihn niemand mehr aus eigener Jugend.

Aus längst vergessenen Zeiten: Da staunt auch das Wüstenschiff nicht schlecht und fragt sich, wie viel Kamelstärken der D8506 wohl hat.

LUDWIG

Dass der Bulldog jetzt 100 Jahre alt ist, das ist schon toll. Ich glaube, dass andere Schlepper nicht unbedingt so lange durchhalten. Der Lanz wird in meinen Augen jedenfalls nicht in Vergessenheit geraten, zumal er an der Mechanisierung der Landwirtschaft ja maßgeblich beteiligt war. Auch wenn sich viele junge Leute nicht mehr mit dem Lanz identifizieren können, weil sie mit dem nicht mehr arbeiten, wird er bestimmt immer eine Ikone bleiben – schließlich ist Lanz auch eine Lebensphilosophie!

Bei diesem Anblick schlägt jedes Lanzherz höher ...

Über die Autoren

MARION WILK (Jg. 1961) und **ERNST MATTHIESEN** (Jg. 1960) sind seit mehr als 20 Jahren einzeln oder gemeinsam als Journalisten, Autoren und Filmemacher tätig. Sie arbeiten für den öffentlich-rechtlichen Rundfunk sowie im Auftrag von Unternehmen und Institutionen, setzen vor allem aber auch eigene Medienprojekte um. Denn das Autorenpaar ist davon überzeugt, dass es sich lohnt, gesellschaftlich wichtige Themen engagiert aufzugreifen und damit etwas anzustoßen.

Seitdem sie 2013 von Hamburg in die Elbe-Weser-Region gezogen sind, haben sie eine ausgeprägte Affinität zur Landwirtschaft entwickelt und beschäftigen sich vorrangig mit Themen aus dem „grünen" und ländlichen Bereich.

So haben sie unter anderem die 12-teilige freie Filmdokumentation „Milch & mehr – ein Landwirt und seine Kühe" produziert, mit der sie den oft falschen oder verzerrten Vorstellungen vom bäuerlichen Dasein etwas entgegensetzen wollten. Die Doku-Reihe wird vor allem in der schulischen und außerschulischen Bildungsarbeit eingesetzt, hat von namhaften landwirtschaftlichen Organisationen viel positive Resonanz erfahren – und außerdem eine ausdrückliche Empfehlung des Landesmedienzentrums Baden-Württemberg erhalten.

Gleichzeitig haben die beiden Journalisten verschiedene Medienprojekte im Auftrag entsprechender Institutionen umgesetzt – beispielsweise eine mehrteilige Filmreihe über die Versteppung der Böden in Deutschland und Sibirien (im Kontext des „Kulunda-Projekts" des Instituts für Geowissenschaften und Geographie der Universität Halle) sowie diverse Projektdokumentationen für die „Gesellschaft für konservierende Bodenerhaltung".

Außerdem schauten sich die beiden Autoren den Umbruch der Landwirtschaft durch die Trecker-Einführung zur Mitte des 20. Jahrhunderts an – und zwar durch die Augen von Zeitzeugen, von denen es mittlerweile nicht mehr viele gibt. So entstand zunächst ihr Dokumentarfilm „Als der Trecker kam und das Pferd verschwand – Landwirte erinnern sich", Ende 2018 folgte ihr gleichnamiges Buch mit mehr als 100 Abbildungen, das sich noch intensiver und umfangreicher diesem Thema widmet (beides im Programm des LV Münster). Auf diese Weise wollten die beiden Autoren dazu beitragen, die damalige Lebenswelt und -leistung der Bauern sowie die einmalige „Revolution auf dem Acker" und ihre Bedeutung für die Menschen in Erinnerung zu halten – gerade auch im Hinblick auf den heutigen Diskurs rund um die Zukunft der Landwirtschaft.

Und nun dreht sich bei dem Autorenpaar alles um den „Lanz Bulldog". Dieser einzigartige Traktor hat es ihnen angetan – zumal die beiden Journalisten durch ihre jahrelange Beschäftigung mit Landwirten sowie Oldtimer-Liebhabern immer wieder festgestellt haben, wie groß die Leidenschaft für den Einzylinder auch nach 100 Jahren noch ist. Aufgrund dieser langen Erfolgsgeschichte wird die Schlepperlegende zu Recht als ein Stück Kulturgut betrachtet – und das, so finden die Autoren, muss mit den vorliegenden Geschichten einfach gewürdigt werden.

Danksagung

Ohne die Bereitschaft der ProtagonistInnen, sich engagiert und vertrauensvoll zu öffnen, wäre dieses Buch nicht zustande gekommen: Unser Dank gilt daher allen Lanz-LiebhaberInnen, die sich für die Interviews sowie für die Vorbereitungen darauf viel Zeit genommen haben – und dabei willens waren, sich mit ihren Erlebnissen rund um den Bulldog intensiv auseinanderzusetzen und diese kompetent, kurzweilig und spannend zu vermitteln. Wir haben in den zahlreichen Gesprächen mit ihnen viel gelernt, gestaunt und gelacht – und es war für uns ein Vergnügen, so tief in ihre Lanz-Leidenschaft eintauchen zu dürfen.

Gleichzeitig bedanken wir uns bei den ProtagonistInnen ganz herzlich für die zahlreiche Bereitstellung von Fotomaterial, das sie für uns stundenlang in ihren analogen Alben und digitalen Ordnern herausgesucht haben. Darüber hinaus geht unser ganz besonderer Dank an die „Tourguide Visitor Services“ von John Deere GmbH & Co. KG, insbesondere an Herrn Hans-Christian Quick sowie seine Kollegin Frau Mélissa Karoubi, die für unsere Wünsche immer ein offenes Ohr hatten und bereit waren, dieses Buchprojekt mit passendem Bildmaterial des John Deere und Lanz Archivs aktiv und gezielt zu unterstützen.

Buchcover vorn (4)
Oben: John Deere und Lanz Archiv
Unten links: Privatfoto Ludwig
Mitte: John Deere und Lanz Archiv
Unten rechts: Privatfoto Olaf

Vorwort (10)
S. 4: John Deere und Lanz Archiv
S. 6: Johne Deere und Lanz Archiv
S. 7: Johne Deere und Lanz Archiv
S. 8: Johne Deere und Lanz Archiv
S. 10: Privatfoto Bodo
S. 12: Privatfoto Olaf
S. 13: LV Münster
S. 15: Johne Deere und Lanz Archiv
S. 17: Johne Deere und Lanz Archiv (beide Abbildungen)

Kapitel 1 (9)
S. 18: Privatfoto Laurin
S. 20: Privatfoto Laurin
S. 21: Privatfoto Laurin
S. 22: Privatfoto Laurin
S. 23: Privatfoto Laurin
S. 24: Privatfoto Laurin
S. 27: Privatfoto Laurin
S. 28: Privatfoto Laurin
S. 29: PROFI

Kapitel 2 (7)
S. 30: Privatfoto Hubert
S. 33: Privatfoto Hubert
S. 34: Privatfoto Hubert
S. 35: Privatfoto Hubert
S. 36: Privatfoto Hubert
S. 38: Privatfoto Hubert
S. 39: Privatfoto Hubert

Kapitel 3 (11)
S. 40: Privatfoto Marko
S. 42: Privatfoto Marko
S. 43: Privatfoto Marko
S. 44: Privatfoto Marko
S. 45: Privatfoto Marko
S. 46: Privatfoto Marko
S. 47: Privatfoto Marko
S. 48: Privatfoto Marko
S. 49: Privatfoto Marko
S. 50: Privatfoto Marko
S. 51: Privatfoto Marko

Kapitel 4 (8)
S. 52: Reinhard Robert
S. 55: Privatfoto Peter
S. 56: Reinhard Robert
S. 57: Reinhard Robert
S. 59: Reinhard Robert
S. 61: Reinhard Robert
S. 62: Privatfoto Peter
S. 63: John Deere und Lanz Archiv

Kapitel 5 (6)
S. 64: Lanz-Bulldog-Club Oyten
S. 66: Lanz-Bulldog-Club Oyten
S. 67: Privatfoto Andy
S. 69: Privatfoto Andy
S. 70: Privatfoto Andy
S. 72: Lanz-Bulldog-Club Oyten

Kapitel 6 (9)
S. 74: Privatfoto Klaus
S. 76: Privatfoto Klaus
S. 77: Privatfoto Klaus
S. 78: Privatfotos Klaus (beide Abbildungen)
S. 79: Privatfoto Klaus
S. 80: Privatfoto Klaus
S. 81: Privatfoto Klaus
S. 83: Privatfoto Klaus

Kapitel 7 (11)
S. 84: Privatfoto Bodo
S. 85: Privatfoto Bodo
S. 86: Privatfoto Bodo
S. 87: Privatfoto Bodo
S. 88: Privatfoto Bodo (beide Abbildungen)
S. 89: Privatfoto Bodo
S. 90: Privatfoto Bodo
S. 91: Privatfoto Bodo
S. 92: Reinhard Robert
S. 93: Privatfoto Bodo

Kapitel 8 (6)
S. 94: Privatfoto Jasmin
S. 95: Privatfoto Inga
S. 96: Privatfoto Renate
S. 97: Privatfoto Vanessa
S. 98: Privatfoto Sarah
S. 99: Privatfoto Ann-Kathrin

Texttafel Nachbauten (1)
S.101: Privatfoto Inga

Kapitel 9 (6)
S. 102: Privatfoto Günter
S. 104: Privatfoto Günter
S. 105: Privatfoto Günter
S. 107: Privatfoto Günter
S. 109: Privatfoto Günter
S. 110: Privatfoto Günter

Kapitel 10 (10)
S. 114: Privatfoto Karsten
S. 116: Privatfoto Karsten (beide Abbildungen)
S. 117: Privatfoto Karsten (beide Abbildungen)
S. 118: Privatfoto Karsten
S. 119: Privatfoto Karsten
S. 120: Privatfoto Karsten (beide Abbildungen)
S. 121: Privatfoto Karsten

Kapitel 11 (7)
S. 122: AUTO& TRAKTOR MUSEUM Bodensee
S. 125: AUTO & TRAKTOR MUSEUM Bodensee
S. 126: AUTO & TRAKTOR MUSEUM Bodensee
S. 127: AUTO & TRAKTOR MUSEUM Bodensee
S. 128: AUTO & TRAKTOR MUSEUM Bodensee
S. 129: AUTO & TRAKTOR MUSEUM Bodensee
S. 131: AUTO & TRAKTOR MUSEUM Bodensee

Kapitel 12 (6)
S. 132: Privatfoto Heinrich
S. 134: Privatfoto Heinrich
S. 135: Privatfoto Heinrich
S. 136: Privatfoto Heinrich
S. 138: Privatfoto Heinrich
S. 139: Privatfoto Heinrich

Kapitel 13 (10)
S. 140: Privatfoto Mirko
S. 142: Privatfoto Mirko
S. 143: Privatfoto Mirko
S. 144: Privatfoto Mirko
S. 145: Privatfoto Mirko
S. 146: Privatfoto Mirko
S. 148: Privatfoto Mirko
S. 149: Privatfoto Mirko
S. 150: Privatfoto Mirko
S. 151: Privatfoto Mirko

Kapitel 14 (10)
S. 152: Privatfoto Olaf
S. 154: Privatfoto Olaf
S. 155: Privatfoto Olaf
S. 156: Privatfoto Olaf
S. 157: Privatfoto Olaf
S. 158: Privatfoto Olaf
S. 159: Privatfoto Olaf
S. 160: Privatfoto Olaf
S. 161: Privatfoto Olaf
S. 163: Privatfoto Olaf

Kapitel 15 (9)
S. 164: Privatfoto Ludwig & Jakob
S. 167: Privatfoto Ludwig & Jakob
S. 168: Privatfoto Ludwig & Jakob
S. 170: Privatfoto Ludwig & Jakob
S. 171: Privatfoto Ludwig & Jakob
S. 173: Privatfoto Ludwig & Jakob
S. 174: Privatfoto Ludwig & Jakob
S. 176: Privatfoto Ludwig & Jakob
S. 177: Privatfoto Ludwig & Jakob

Lanz-Liebe – eine Kindheitserinnerung von 1948 (1)
S. 178: Stephan Richter/PS. Speicher Einbeck

Fazit der Protagonisten (7)
S. 180: John Deere und Lanz Archiv
S. 181: John Deere und Lanz Archiv
S. 182: John Deere und Lanz Archiv
S. 184: Privatfoto Olaf
S. 185: John Deere und Lanz Archiv
S. 186: John Deere und Lanz Archiv
S. 187: Privatfoto Olaf

Die Autoren (1)
S. 188: mawi media

Buchcover hinten (3)
Oben: John Deere und Lanz Archiv
Mitte: John Deere und Lanz Archiv
Unten: John Deere und Lanz Archiv

Bildnachweis

LANZ-SPRÜCHE

IST DER LANZ SCHLAPP UND SCHWACH,
DANN GIB IHM EINEN TRITT, UND ER WIRD WACH!

HAST DU EINEN LANZ, DER RAUCHT,
MACH IHM FEUER, DASS ER FAUCHT!

JOHN DEERE LANZ -
MEHR KAPUTT ALS GANZ!

HAT DER LANZ SICH FESTGEWÜHLT
HILFT DER EICHER LUFTGEKÜHLT!

DER LANZ ERREICHT SEIN ZIEL MIT MÜH UND NOT:
DER GLÜHKOPF ROT, DER FAHRER TOT!

DIE ERDE BEBT, DAS LENKRAD ZITTERT,
DER LANZ HAT EINEN BERG GEWITTERT!

EIN KOLBEN UND EIN OFENROHR,
FERTIG IST DER LANZ-MOTOR!

Impressum

Deutsche Originalausgabe:
LV.Buch im Landwirtschaftsverlag GmbH, 48084 Münster

1. Auflage 2021

Gestaltung: Monika Wagenhäuser, LV Media Pro im Landwirtschaftsverlag GmbH
Fachlektorat: Redaktion profi, Landwirtschaftsverlag GmbH
Druck: Grafisches Centrum Cuno, Calbe

ISBN 978-3-7843-5696-9